U0285872

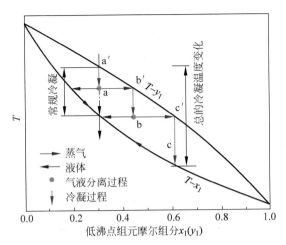

图 1.6　对于非共沸工质,分液冷凝方法会改变各流程中的工质组分[24]

a′—a、b′—b、c′—c 3 个流程的工质组分不同,a—b′、b—c′为分液段

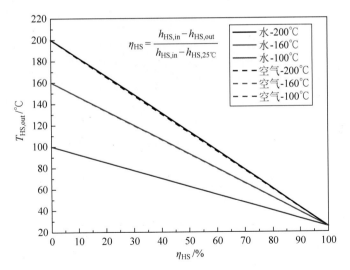

图 2.14　热水和热空气在不同热源入口温度下的释热特性

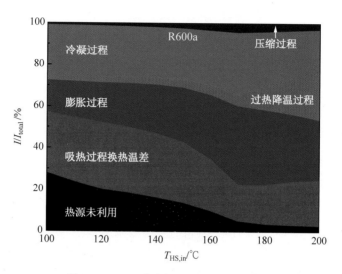

图 2.18　双压蒸发循环的㶲损分布特征

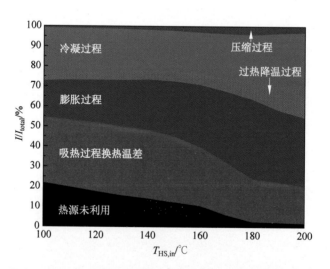

图 3.17　R600a/R601a 非共沸工质双压蒸发循环的㶲损分布

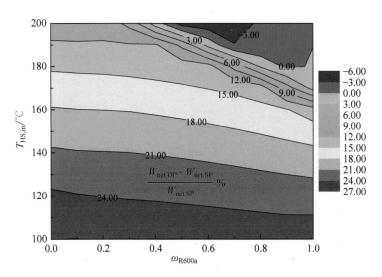

图 3.18　对于 R600a/R601a 非共沸工质,双压蒸发循环相对单压蒸发
　　　　循环的净输出功增加量(最佳工况)

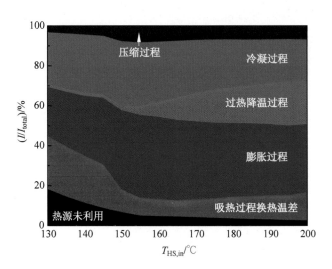

图 4.12　R1234ze(E)双压吸热循环在最佳工况下的㶲损分布特征

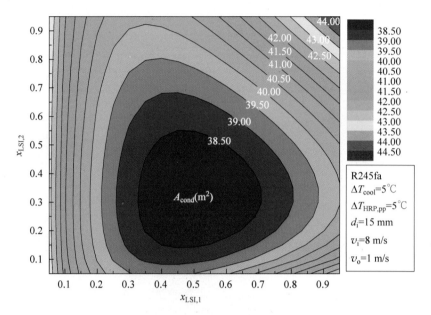

图 6.6　R245fa 两级分液冷凝中分液热力学状态对冷凝器换热面积的影响

清华大学优秀博士学位论文丛书

基于有机朗肯循环的
中低温热能高效利用

李健（Li Jian）著

Efficient Utilization
of Low-moderate Temperature Thermal Energy Based
on Organic Rankine Cycle

清华大学出版社
北京

内 容 简 介

本书以中低温热能的高效热功转换为目标，以有机朗肯循环（ORC）为对象，以减少换热过程㶲损为突破口，从工质、循环、换热三方面出发，提出了构建"多压蒸发、分液冷凝"非共沸工质 ORC 的新思路，实现了多压蒸发、分液冷凝与非共沸工质的优势叠加、相互促进，突破了传统循环可调性差、对热源适应性不佳的发展瓶颈，同时解决了工质可选种类有限的应用难题，可显著提升中低温热能的热功转换效率。

本书可供高校和研究院所工程热物理、能源利用、余热回收、热力系统优化设计等专业的研究人员、研究生和本科生阅读参考。

图书在版编目（CIP）数据

基于有机朗肯循环的中低温热能高效利用 / 李健著.
北京 : 清华大学出版社，2024. 7. -- （清华大学优秀博士学位论文丛书）. -- ISBN 978-7-302-66776-6

Ⅰ. TK11；X706
中国国家版本馆 CIP 数据核字第 2024AJ5659 号

责任编辑：李双双
封面设计：傅瑞学
责任校对：欧　洋
责任印制：宋　林

出版发行：清华大学出版社
　　　　网　　　址：https://www.tup.com.cn，https://www.wqxuetang.com
　　　　地　　　址：北京清华大学学研大厦 A 座　　邮　　编：100084
　　　　社 总 机：010-83470000　　　　　　　　邮　　购：010-62786544
　　　　投稿与读者服务：010-62776969，c-service@tup.tsinghua.edu.cn
　　　　质量反馈：010-62772015，zhiliang@tup.tsinghua.edu.cn
印 装 者：三河市东方印刷有限公司
经　　销：全国新华书店
开　　本：155mm×235mm　　印张：13.75　　插页：2　　字数：237 千字
版　　次：2024 年 8 月第 1 版　　　　　　　　印次：2024 年 8 月第 1 次印刷
定　　价：99.00 元

产品编号：092374-01

一流博士生教育
体现一流大学人才培养的高度（代丛书序）^①

人才培养是大学的根本任务。只有培养出一流人才的高校，才能够成为世界一流大学。本科教育是培养一流人才最重要的基础，是一流大学的底色，体现了学校的传统和特色。博士生教育是学历教育的最高层次，体现出一所大学人才培养的高度，代表着一个国家的人才培养水平。清华大学正在全面推进综合改革，深化教育教学改革，探索建立完善的博士生选拔培养机制，不断提升博士生培养质量。

学术精神的培养是博士生教育的根本

学术精神是大学精神的重要组成部分，是学者与学术群体在学术活动中坚守的价值准则。大学对学术精神的追求，反映了一所大学对学术的重视、对真理的热爱和对功利性目标的摒弃。博士生教育要培养有志于追求学术的人，其根本在于学术精神的培养。

无论古今中外，博士这一称号都和学问、学术紧密联系在一起，和知识探索密切相关。我国的博士一词起源于 2000 多年前的战国时期，是一种学官名。博士任职者负责保管文献档案、编撰著述，须知识渊博并负有传授学问的职责。东汉学者应劭在《汉官仪》中写道："博者，通博古今；士者，辩于然否。"后来，人们逐渐把精通某种职业的专门人才称为博士。博士作为一种学位，最早产生于 12 世纪，最初它是加入教师行会的一种资格证书。19 世纪初，德国柏林大学成立，其哲学院取代了以往神学院在大学中的地位，在大学发展的历史上首次产生了由哲学院授予的哲学博士学位，并赋予了哲学博士深层次的教育内涵，即推崇学术自由、创造新知识。哲学博士的设立标志着现代博士生教育的开端，博士则被定义为独立从事学术研究、具备创造新知识能力的人，是学术精神的传承者和光大者。

---

① 本文首发于《光明日报》，2017 年 12 月 5 日。

　　博士生学习期间是培养学术精神最重要的阶段。博士生需要接受严谨的学术训练，开展深入的学术研究，并通过发表学术论文、参与学术活动及博士论文答辩等环节，证明自身的学术能力。更重要的是，博士生要培养学术志趣，把对学术的热爱融入生命之中，把捍卫真理作为毕生的追求。博士生更要学会如何面对干扰和诱惑，远离功利，保持安静、从容的心态。学术精神，特别是其中所蕴含的科学理性精神、学术奉献精神，不仅对博士生未来的学术事业至关重要，对博士生一生的发展都大有裨益。

独创性和批判性思维是博士生最重要的素质

　　博士生需要具备很多素质，包括逻辑推理、言语表达、沟通协作等，但是最重要的素质是独创性和批判性思维。

　　学术重视传承，但更看重突破和创新。博士生作为学术事业的后备力量，要立志于追求独创性。独创意味着独立和创造，没有独立精神，往往很难产生创造性的成果。1929 年 6 月 3 日，在清华大学国学院导师王国维逝世二周年之际，国学院师生为纪念这位杰出的学者，募款修造"海宁王静安先生纪念碑"，同为国学院导师的陈寅恪先生撰写了碑铭，其中写道："先生之著述，或有时而不章；先生之学说，或有时而可商；惟此独立之精神，自由之思想，历千万祀，与天壤而同久，共三光而永光。"这是对于一位学者的极高评价。中国著名的史学家、文学家司马迁所讲的"究天人之际，通古今之变，成一家之言"也是强调要在古今贯通中形成自己独立的见解，并努力达到新的高度。博士生应该以"独立之精神、自由之思想"来要求自己，不断创造新的学术成果。

　　诺贝尔物理学奖获得者杨振宁先生曾在 20 世纪 80 年代初对到访纽约州立大学石溪分校的 90 多名中国学生、学者提出："独创性是科学工作者最重要的素质。"杨先生主张做研究的人一定要有独创的精神、独到的见解和独立研究的能力。在科技如此发达的今天，学术上的独创性变得越来越难，也愈加珍贵和重要。博士生要树立敢为天下先的志向，在独创性上下功夫，勇于挑战最前沿的科学问题。

　　批判性思维是一种遵循逻辑规则、不断质疑和反省的思维方式，具有批判性思维的人勇于挑战自己，敢于挑战权威。批判性思维的缺乏往往被认为是中国学生特有的弱项，也是我们在博士生培养方面存在的一个普遍问题。2001 年，美国卡内基基金会开展了一项"卡内基博士生教育创新计划"，针对博士生教育进行调研，并发布了研究报告。该报告指出：在美国和欧洲,培养学生保持批判而质疑的眼光看待自己、同行和导师的观点同样非常不容易,批判性思维的培养必须成为博士生培养项目的组成部分。

对于博士生而言,批判性思维的养成要从如何面对权威开始。为了鼓励学生质疑学术权威、挑战现有学术范式,培养学生的挑战精神和创新能力,清华大学在 2013 年发起"巅峰对话",由学生自主邀请各学科领域具有国际影响力的学术大师与清华学生同台对话。该活动迄今已经举办了 21 期,先后邀请 17 位诺贝尔奖、3 位图灵奖、1 位菲尔兹奖获得者参与对话。诺贝尔化学奖得主巴里·夏普莱斯(Barry Sharpless)在 2013 年 11 月来清华参加"巅峰对话"时,对于清华学生的质疑精神印象深刻。他在接受媒体采访时谈道:"清华的学生无所畏惧,请原谅我的措辞,但他们真的很有胆量。"这是我听到的对清华学生的最高评价,博士生就应该具备这样的勇气和能力。培养批判性思维更难的一层是要有勇气不断否定自己,有一种不断超越自己的精神。爱因斯坦说:"在真理的认识方面,任何以权威自居的人,必将在上帝的嬉笑中垮台。"这句名言应该成为每一位从事学术研究的博士生的箴言。

提高博士生培养质量有赖于构建全方位的博士生教育体系

一流的博士生教育要有一流的教育理念,需要构建全方位的教育体系,把教育理念落实到博士生培养的各个环节中。

在博士生选拔方面,不能简单按考分录取,而是要侧重评价学术志趣和创新潜力。知识结构固然重要,但学术志趣和创新潜力更关键,考分不能完全反映学生的学术潜质。清华大学在经过多年试点探索的基础上,于 2016年开始全面实行博士生招生"申请-审核"制,从原来的按照考试分数招收博士生,转变为按科研创新能力、专业学术潜质招收,并给予院系、学科、导师更大的自主权。《清华大学"申请-审核"制实施办法》明晰了导师和院系在考核、遴选和推荐上的权力和职责,同时确定了规范的流程及监管要求。

在博士生指导教师资格确认方面,不能论资排辈,要更看重教师的学术活力及研究工作的前沿性。博士生教育质量的提升关键在于教师,要让更多、更优秀的教师参与到博士生教育中来。清华大学从 2009 年开始探索将博士生导师评定权下放到各学位评定分委员会,允许评聘一部分优秀副教授担任博士生导师。近年来,学校在推进教师人事制度改革过程中,明确教研系列助理教授可以独立指导博士生,让富有创造活力的青年教师指导优秀的青年学生,师生相互促进、共同成长。

　　在促进博士生交流方面,要努力突破学科领域的界限,注重搭建跨学科的平台。跨学科交流是激发博士生学术创造力的重要途径,博士生要努力提升在交叉学科领域开展科研工作的能力。清华大学于2014年创办了"微沙龙"平台,同学们可以通过微信平台随时发布学术话题,寻觅学术伙伴。3年来,博士生参与和发起"微沙龙"12 000多场,参与博士生达38 000多人次。"微沙龙"促进了不同学科学生之间的思想碰撞,激发了同学们的学术志趣。清华于2002年创办了博士生论坛,论坛由同学自己组织,师生共同参与。博士生论坛持续举办了500期,开展了18 000多场学术报告,切实起到了师生互动、教学相长、学科交融、促进交流的作用。学校积极资助博士生到世界一流大学开展交流与合作研究,超过60%的博士生有海外访学经历。清华于2011年设立了发展中国家博士生项目,鼓励学生到发展中国家亲身体验和调研,在全球化背景下研究发展中国家的各类问题。

　　在博士学位评定方面,权力要进一步下放,学术判断应该由各领域的学者来负责。院系二级学术单位应该在评定博士论文水平上拥有更多的权力,也应担负更多的责任。清华大学从2015年开始把学位论文的评审职责授权给各学位评定分委员会,学位论文质量和学位评审过程主要由各学位分委员会进行把关,校学位委员会负责学位管理整体工作,负责制度建设和争议事项处理。

　　全面提高人才培养能力是建设世界一流大学的核心。博士生培养质量的提升是大学办学质量提升的重要标志。我们要高度重视、充分发挥博士生教育的战略性、引领性作用,面向世界、勇于进取,树立自信、保持特色,不断推动一流大学的人才培养迈向新的高度。

清华大学校长

2017 年 12 月

丛书序二

　　以学术型人才培养为主的博士生教育，肩负着培养具有国际竞争力的高层次学术创新人才的重任，是国家发展战略的重要组成部分，是清华大学人才培养的重中之重。

　　作为首批设立研究生院的高校，清华大学自20世纪80年代初开始，立足国家和社会需要，结合校内实际情况，不断推动博士生教育改革。为了提供适宜博士生成长的学术环境，我校一方面不断地营造浓厚的学术氛围，一方面大力推动培养模式创新探索。我校从多年前就已开始运行一系列博士生培养专项基金和特色项目，激励博士生潜心学术、锐意创新，拓宽博士生的国际视野，倡导跨学科研究与交流，不断提升博士生培养质量。

　　博士生是最具创造力的学术研究新生力量，思维活跃，求真求实。他们在导师的指导下进入本领域研究前沿，汲取本领域最新的研究成果，拓宽人类的认知边界，不断取得创新性成果。这套优秀博士学位论文丛书，不仅是我校博士生研究工作前沿成果的体现，也是我校博士生学术精神传承和光大的体现。

　　这套丛书的每一篇论文均来自学校新近每年评选的校级优秀博士学位论文。为了鼓励创新，激励优秀的博士生脱颖而出，同时激励导师悉心指导，我校评选校级优秀博士学位论文已有20多年。评选出的优秀博士学位论文代表了我校各学科最优秀的博士学位论文的水平。为了传播优秀的博士学位论文成果，更好地推动学术交流与学科建设，促进博士生未来发展和成长，清华大学研究生院与清华大学出版社合作出版这些优秀的博士学位论文。

　　感谢清华大学出版社，悉心地为每位作者提供专业、细致的写作和出版指导，使这些博士论文以专著方式呈现在读者面前，促进了这些最新的优秀研究成果的快速广泛传播。相信本套丛书的出版可以为国内外各相关领域或交叉领域的在读研究生和科研人员提供有益的参考，为相关学科领域的发展和优秀科研成果的转化起到积极的推动作用。

感谢丛书作者的导师们。这些优秀的博士学位论文,从选题、研究到成文,离不开导师的精心指导。我校优秀的师生导学传统,成就了一项项优秀的研究成果,成就了一大批青年学者,也成就了清华的学术研究。感谢导师们为每篇论文精心撰写序言,帮助读者更好地理解论文。

感谢丛书的作者们。他们优秀的学术成果,连同鲜活的思想、创新的精神、严谨的学风,都为致力于学术研究的后来者树立了榜样。他们本着精益求精的精神,对论文进行了细致的修改完善,使之在具备科学性、前沿性的同时,更具系统性和可读性。

这套丛书涵盖清华众多学科,从论文的选题能够感受到作者们积极参与国家重大战略、社会发展问题、新兴产业创新等的研究热情,能够感受到作者们的国际视野和人文情怀。相信这些年轻作者们勇于承担学术创新重任的社会责任感能够感染和带动越来越多的博士生,将论文书写在祖国的大地上。

祝愿丛书的作者们、读者们和所有从事学术研究的同行们在未来的道路上坚持梦想,百折不挠!在服务国家、奉献社会和造福人类的事业中不断创新,做新时代的引领者。

相信每一位读者在阅读这一本本学术著作的时候,在汲取学术创新成果、享受学术之美的同时,能够将其中所蕴含的科学理性精神和学术奉献精神传播和发扬出去。

清华大学研究生院院长

2018 年 1 月 5 日

导师序言

2020 年 9 月,习近平主席在第七十五届联合国大会一般性辩论会上郑重提出中国"二氧化碳排放力争于 2030 年前达到峰值,努力争取 2060 年前实现碳中和"。2020 年我国的能源消费总量接近 50×10^9 t 标准煤,碳排放总量居世界第一,实现"碳达峰"目标及"碳中和"愿景任重道远,绿色低碳发展无疑是重要的基础支撑。从能源利用的角度,"开源"与"节流"同样重要,所谓"开源"是指积极努力不断提升可再生能源在能源消费中的比例,而"节流"则是做好节能减排,更高效地利用好能源。

200℃ 以下的中低温热能在可再生能源和工业余热中储量丰富,分布广泛,其高效利用对于节能减排具有重要意义。但由于其温度低,也就是能源的品位较低,造成利用难度大、经济性差,缺乏成熟技术,因此目前利用不充分。通过热功转换的方式将中低温热能转化为机械功,进而用于发电,可有效提升能源品位,是用途最广、经济传输距离最长的利用方式。尽管人们已经对常规动力系统有了长期、系统、深入的研究,并积累了丰富的知识,但常规动力系统普遍是以化石燃料燃烧为热源,而中低温热能的热功转换特点与它存在显著差异,受限条件更多,无法简单移植常规动力系统的研究结论。中低温热能的高效热功转换是当前工程热物理学科的前沿和热点、工程热力学研究的重要方向,也是国际能源利用领域的技术难点,具有重要的学术意义和工程应用价值。

李健的博士学位论文以实现中低温热能的高效热功转换为目标,提出了构建"多压蒸发、分液冷凝"非共沸工质有机朗肯循环(Organic Rankine Cycle,ORC)的研究思路,具有提高热功转换效率的巨大潜力。论文包含纯工质和非共沸工质双压蒸发循环的参数设计与性能分析、超临界与亚临界吸热过程耦合的新循环构建、分液冷凝器设计和分液冷凝方法提升系统综合性能的潜力评估等内容,取得的主要创新性成果有:

(1)提出了"多压蒸发、分液冷凝"非共沸工质 ORC 的新思路,实现了多压蒸发、分液冷凝与非共沸工质的优势叠加,突破了传统循环可调性差、对热源适应性不佳的发展瓶颈,同时解决了工质可选种类有限的应用难题,可显著提高中低温可再生能源和余热的转换效率。

(2)率先建立了基于工质物性和热源温度选择最佳循环构型的定量化判据,揭示了非共沸工质和超临界吸热过程对于提升双压蒸发循环转换效率的影响规律和内在作用机制。

(3)揭示了冷凝器参数对分液冷凝方法最佳分液位置和强化换热效果的影响规律,建立了分液冷凝器的设计准则,阐明了分液冷凝方法在 ORC 系统中的适用工况,证明了此方法在提升系统综合性能方面的优越性。

论文的研究内容可为实现中低温可再生能源和工业余热的高效热功转换提供重要的理论指导和方法支撑,为中低温热力系统设计、新型综合能源系统集成提供有价值的借鉴,有益于可再生能源的大规模开发和能量的高效利用。论文行文流畅、结构严谨、内容翔实、重点突出,选题具有前沿性、研究挑战性高,同时入选 2020 年清华大学优秀博士学位论文。希望本论文的出版能够使广大读者更好地了解我们在中低温热能高效利用方面所做出的努力和尝试,为工程热物理、能源利用、热力系统等专业的研究人员提供参考和启迪,服务于我国中低温热能的大规模开发,助力"碳达峰"目标和"碳中和"愿景的早日实现!

段远源

清华大学能源与动力工程系

摘　要

200℃以下中低温热能在可再生能源和余热中储量丰富且分布广泛,对其高效利用对于优化我国能源结构、减轻环境污染、降低碳排放意义重大。但其利用难度大,热功转换特点与常规动力系统相比存在显著差异,因此目前利用尚不充分。本书以中低温热能的高效热功转换为目标,以有机朗肯循环为对象,以减少换热过程㶲损为突破口,从工质、循环、换热三方面出发,提出了构建"多压蒸发、分液冷凝"非共沸工质ORC新循环的研究思路,新循环的构建灵活度高、热源适应性好、适用性强,具有提高热功转换效率的巨大潜力。

本书论证了纯工质双压蒸发循环的热力性能优势,其净输出功相对常规单压蒸发循环可增加 21.4%～26.7%,且热源温度越低,热力性能优势越显著。本书还揭示了最佳循环、工质物性和热源温度间的耦合关系,建立了最佳循环选取的定量化判据。

为进一步提高热功转换效率,本书在双压蒸发循环中引入了 R600a/R601a 非共沸工质,证明了非共沸工质与双压蒸发循环可实现优势叠加,其净输出功相对纯工质双压蒸发循环和非共沸工质单压蒸发循环可分别增加 11.9% 和 25.7%;揭示了热源温度和工质组分对两者结合优势的影响,发现临界温度高的非共沸工质更适合与双压蒸发循环结合。本书引入超临界吸热过程,提出了超临界与亚临界吸热过程相耦合的新循环,建立了新循环在不同工况下的设计准则,实现了系统效率提高和吸热量增加的兼顾,净输出功相对单压蒸发、跨临界和双压蒸发循环可分别增加 19.9%、49.8% 和 20.4%;发现对于大多数工质,新循环均可提高其热功转换效率。

本书评估了双压蒸发循环的热经济性能,发现双压蒸发循环有望获得比单压蒸发循环更好的热经济性能:系统的单位投资成本最多可相对下降 0.6%,同时净输出功相对增加 21.9%;并指出从热经济性能角度出发,双压蒸发循环更适用于热源流量大、吸热过程夹点温差大的工况。

　　本书针对分液冷凝方法,首先揭示了冷凝器参数对其强化换热效果和最佳分液位置的影响,指出在小管径、低管内流率和低冷却水温升条件下,分液冷凝方法的强化换热效果更好,而最佳分液位置不随管径和流率的增加而改变,建立了分液冷凝器的设计准则;再进一步评估了分液冷凝方法在单压蒸发 ORC 系统和双压蒸发 ORC 系统中相对传统冷凝方法的性能优势,结果表明,分液冷凝方法可使纯工质和非共沸工质的单位投资成本分别下降 1.6%～2.9% 和 4.0%～8.8%,有利于实现中低温热能更高效、低成本的利用。

关键词:中低温热能;有机朗肯循环;非共沸工质;多压蒸发;分液冷凝

Abstract

The low-moderate temperature thermal energy below 200°C widely and abundantly exists in renewable energy and waste heat. The efficient utilization of this thermal energy is of great significance to optimize the energy structure, reduce environmental pollution and carbon emissions in China. However, its utilization is difficult for that the heat-power conversion characteristics of low-moderate temperature thermal energy are substantially different from those of conventional power systems, and thus its utilization is not sufficient at present. Focusing on the efficient utilization of low-moderate temperature thermal energy below 200°C, this book takes the organic Rankine cycle (ORC) as the study object and the key breakthrough is set to be reducing the exergy loss during the heat transfer processes. Considering the effects of working fluids, cycle types, and heat transfer methods, a research idea of building a new cycle is proposed, which is "the ORC using zeotropic mixtures with multi-pressure evaporation processes and liquid-separated condensation method". The new cycle has high structure flexibility, good adaptability to heat sources as well as strong applicability, and thereby presents a great potential to improve the heat-power conversion efficiency of low-moderate temperature thermal energy.

In this book, the thermodynamic superiority of dual-pressure evaporation cycle was confirmed for pure fluids. The net power output of dual-pressure evaporation cycle can increase by 21.4% ~ 26.7% compared with the conventional single-pressure evaporation cycle, and its thermodynamic superiority enhances as the heat source temperature decreases. The coupling relationship among the best cycle type, thermophysical properties of working fluid, and heat source temperature was revealed, and a quantitative criterion of determining the best cycle type was proposed.

To further increase the heat-power conversion efficiency, the typical

R600a/R601a zeotropic mixtures were introduced into the dual-pressure evaporation ORC. It was proved that combining the zeotropic mixtures and dual-pressure evaporation cycle could achieve the superposition of their advantages. The net power output of dual-pressure evaporation cycle using zeotropic mixtures can increase by 11.9% and 25.7% compared with the dual-pressure evaporation cycle using pure fluids and single-pressure evaporation cycle using zeotropic mixtures, respectively. Also, the effects of heat source temperature and mixture composition on the combined advantages were analyzed, and it was found that the zeotropic mixture with a higher critical temperature was more suitable to be introduced into the dual-pressure evaporation ORC. Furthermore, by introducing the supercritical heat absorption process, a novel ORC coupled with supercritical and subcritical heat absorption processes was proposed. The design criteria of novel ORC at various working conditions were built, which could increase the system efficiency as well as the heat absorption capacity. The net power output of novel cycle can increase by 19.9%, 49.8% and 20.4% compared with the conventional single-pressure evaporation, transcritical, and dual-pressure evaporation cycles, respectively. Furthermore, it was found that the novel cycle could further increase the heat-power conversion efficiency of ORC system for most working fluids.

The thermo-economic performance of dual-pressure evaporation cycle was also evaluated. It was found that the dual-pressure evaporation cycle could achieve a better thermo-economic performance compared with the single-pressure evaporation cycle: the specific investment cost reduced by 0.6% at most, and meanwhile the net power output increased by 21.9%. Furthermore, in the view of thermo-economic performance, the dual-pressure evaporation cycle is more suitable for the working conditions with large heat source mass flow rate and pinch point temperature difference in the heat absorption process.

For the liquid-separated condensation method, the effects of condenser design parameters on the heat transfer enhancement effects and optimal liquid-separated positions were studied. The results indicated that the liquid-separated condensation method could achieve a more remarkable enhancement effect at the conditions of low tube diameter, low mass flux inside the tubes, and low cooling water temperature rise. The optimal liquid-separated positions remained constant with the increases of tube diameter and mass fluxes. The design criteria of liquid-separated condenser were given. Then, the performance superiority of liquid-separated condensation method over the traditional condensation method was evaluated in the single-pressure and dual-pressure evaporation ORC systems. The results showed that by using the liquid-separated condensation method, the specific investment costs of ORC systems using pure fluids and zeotropic mixtures could be reduced by $1.6\% \sim 2.9\%$ and $4.0\% \sim 8.8\%$, respectively, compared with using the traditional condensation method; which is conducive to achieve a more efficient and low-cost utilization for the low-moderate temperature thermal energy.

Key words: Low-moderate temperature thermal energy; Organic Rankine cycle (ORC); Zeotropic mixture; Multi-pressure evaporation; Liquid-separated condensation

主要符号对照表

A	换热面积，m^2
B_1、B_2	常数
C_1、C_2、C_3	常数
c	比热容，$kJ/(kg \cdot K)$
C_p^0	基础购买成本，美元
d	管径，m
Ex	㶲，kJ/kg
F_{BM}	材料压力修正因子
F_M	材料修正因子
F_p	压力修正因子
G	质量流率，$kg/(m^2 \cdot s)$
g	重力加速度，$9.8 \ m/s^2$
H	扬程，m
h	比焓，kJ/kg
I	㶲损，kW
K_1，K_2，K_3	常数
M	摩尔质量，$kg/kmol$
$\dot{m}$	质量流量，kg/s
p	压力，MPa
Pr	普朗特数
Q	热流量，kW
q	热流密度，kW/m^2
R	污垢热阻，$m^2 \cdot K/W$
Re	雷诺数
s	比熵，$kJ/(kg \cdot K)$
T	温度，℃

U	整体换热系数,$W/(m^2 \cdot K)$
v	速度,m/s
W	功率,kW
x	干度
Δh	比焓变化量,kJ/kg
ΔT	温差,℃;温度变化量,℃

希 腊 字 母

α	对流换热系数,$W/(m^2 \cdot K)$
δ	相对偏差;厚度,m
η	效率
λ	导热系数,$W/(m \cdot K)$
μ	动力粘度,$Pa \cdot s$
ρ	密度,kg/m^3
σ	表面张力,N/m
ω	质量分数

下　　标

0	环境状态
$1 \sim 11$	热力学状态点
ave	平均值
bub	泡点
c	临界点
ce	强迫对流换热
con	传统冷凝方法
cond	冷凝过程;冷凝器
cool	冷却水;冷却系统
dew	露点
DP	双压蒸发循环
e	蒸发过程;蒸发器
ex	烟
ext	外部
fg	相变潜热
g	气相

glide	滑移温度
HAP	吸热过程；吸热器
HRP	放热过程；冷凝器
HS	热源流体
HP	高压级
i	第 i 个
i	管内
in	入口
int	内部
ip	拐点
L	饱和液相
l	液相
LL	下限
loss	损失
LP	低压级
LSC	分液冷凝方法
LSI	分液单元入口处
LSI_1	第一个分液单元入口处
LSI_2	第二个分液单元入口处
m	平均值
max	最大值
min	最小值
nb	池沸腾换热
net	净输出
O	有机工质
o	管外
opt	最佳
out	出口
P	工质泵
p	定压
PEC	设备购买成本
pp	夹点

preh	预热器
s	饱和状态
SIC	单位投资成本
SP	单压蒸发循环
sup	过热过程
sys	系统
T	透平
total	总的
TP	转折点
UL	上限
vap	蒸气发生器
wall	管壁

目　录

第1章 绪　　论

1.1　课题背景及意义

能源是人类生存和发展的重要根基。当今社会的快速发展以化石能源的大量消耗为基础,但随之引发的温室效应带来了海平面上升、极端天气和干旱等自然灾害,严重威胁着人类的生存和发展。减少温室气体排放、降低化石能源消耗是当今社会发展的重要趋势。2016 年 4 月 22 日,175 个国家共同签署了《巴黎协定》,提出了确保将 21 世纪全球平均气温上升幅度控制在 2℃ 以内[1],标志着应对全球气候变化、加快清洁能源发展已成为国际社会的共识和共同的行动目标。

中国是世界上最大的能源消费国,2018 年的全国能源消费总量达 4.64 Gt 标准煤[2],随国民经济总量的不断增长,能源需求量也注定会继续攀升。化石能源在我国能源消费结构中占据了绝对主导地位,在 2018 年的消费占比高达 85.7%[2]。但化石能源消费导致的雾霾、酸雨和温室气体大量排放等环境问题给国民的生存健康和经济发展带来了严重威胁,也给我国新型大国形象的塑造带来了负面影响。此外,2018 年的全国能源生产总量仅 3.77 Gt 标准煤[3],18.8% 的能源消费依赖进口,能源安全一直受到严重威胁。

此外,我国太阳能、地热能等可再生能源储量非常丰富。其中,每年仅陆地接收的太阳能就相当于 2400 Gt 标准煤[4],可开采的地热储量超过 256 Gt 标准煤[5]。另外,我国当前的能源利用率较低,消费总量中 42%～46% 的能源最终转化为余热[6],余热回收利用是提高能源利用效率的关键。可再生能源大规模开发和余热回收利用是推动我国能源结构升级,实现经济、能源和环境三者协调发展的根本途径。

在可再生能源和余热资源中,虽然 200℃ 以下的中低温热能温位较低,但是总量巨大且分布广泛。我国可开采的地热储量中的 70% 以上为分布广泛的 150℃ 以下的中低温地热[7],而余热资源中超过 50% 的热能处于

200℃以下[8],相当于每年 0.97～1.07 Gt 标准煤。此外,太阳能的能流密度低,高温集热系统复杂、占地面积大、成本高,而 200℃以下的集热系统简单可靠、经济性好,具有广阔的推广前景[9]。但是,目前可再生能源和余热资源的利用主要针对 200℃以上的热能,200℃以下的中低温热能由于品位相对较低,利用并不充分[10]。

我国在气候变化巴黎大会上承诺到 2030 年单位国内生产总值二氧化碳排放量比 2005 年下降 60%～65%,非化石能源占一次能源消费的比例达到 20%左右[11]。深度利用 200℃以下的中低温可再生能源及余热资源是提升能效、缓解我国能源紧张形势、优化能源结构的重要方向,对降低化石能源消耗、落实节能减排目标具有重大战略意义。

200℃以下中低温可再生能源和余热资源的主要利用途径有直接热利用和热功(电)转换。直接热利用的基础研究较为完善,但是存在能量远距离传输困难、供需时空不匹配等问题;热功(电)转换提升了能量品位,而且电能便于传输(尤其是远距离传输)、用途广、需求量更大的特点使它成为国际能源领域的关注热点。

尽管人们已经对常规动力系统有了长期、系统、深入的研究,但常规动力系统普遍以化石燃料燃烧为热源,200℃以下的中低温热能的热功转换特点与之存在显著差异[12-15],如表 1.1 所示。200℃以下中低温热能的高效热功转换无法简单引用常规动力系统的研究结论。

表 1.1　200℃以下中低温热能热功转换与常规动力系统的主要差异

类别	常规动力系统	200℃以下中低温热功转换
热源	化石燃料的理论燃烧温度可达 2000 K 以上,远高于当前设备材料允许的循环最高温度	热源温度低,释热特性多样,如释热曲线可能为非线性或台阶状
循环	冷热源温差大,循环构建受冷热源限制小,与热源释热特性的关联弱;循环效率高	冷热源温差小,循环构建受冷热源限制大,与热源释热特性的关联强;循环效率低
换热温差	循环效率对工质与冷热源换热温差敏感度较低	循环效率对工质与冷热源换热温差敏感度高
系统功耗	泵功、冷却系统功耗等对净输出功影响相对较小	泵功、冷却系统功耗等对净输出功影响显著
效率极限	极限效率循环一般为同温限卡诺循环	受冷热源变温特性影响,极限效率循环形式不一

中低温热能的高效热功转换,是当前工程热物理学科的前沿和热点,是工程热力学研究的重要方向,也是国际能源领域的技术难点,具有重要的学术意义和工程应用价值。目前已有的相关研究主要针对特定热源、循环形式和工质,内容相对零散,缺乏完善、系统化的理论体系,是工程热物理学科发展的一块"短板",制约了 200℃ 以下中低温可再生能源和余热资源的高效利用。

热功转换需要通过热力循环来实现,中低温热能利用的典型热力循环包括闪蒸式水蒸气朗肯循环、卡琳娜循环(Kalina cycle)和有机朗肯循环[10,16]。闪蒸式水蒸气朗肯循环的系统相对简单,设备易于制造,但当应用于 200℃ 以下的中低温热源时,其系统效率低、成本高、缺乏竞争力[10,17]。卡琳娜循环利用氨水的变温吸热或放热特性来改善循环与热源或冷源的温度匹配效果,但系统结构复杂,且存在安全隐患[10,16]。

ORC 基于朗肯循环原理,采用低沸点有机流体为工质以实现中低温热能的热功转换,具有适用的热源温度范围广、系统简单、运行稳定、维护方便、使用寿命长和装机容量范围宽(1 kW 至 10 MW)等优点[18-25],已经在地热能[7,14,19-21,26-35]、太阳能[9,19-21,36-46]和多种余热资源[19-21,47-58]中得到广泛应用。ORC 是极具推广潜力的中低温热力循环,这已成为国内外学者和工业界的共识,同时其基础研究和工业应用也在快速增长[10,59-61],如图 1.1 所示。ORC 具有优越的性能和巨大的推广潜力,是中低温热能高效

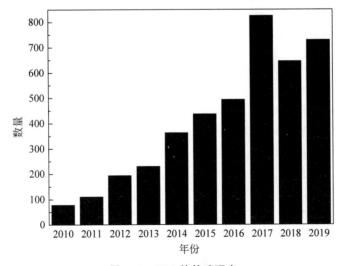

图 1.1 ORC 的基础研究

源于 Web of Science 核心合集,检索词 organic Rankine cycle

热功转换理论研究的最佳载体循环。

简单 ORC 系统及其热力过程如图 1.2 所示。有机工质依次经历蒸发器吸热(1→2)、膨胀机膨胀做功(2→3)、冷凝器冷却(3→4)和工质泵加压(4→1),完成循环。ORC 系统设计优化的核心目标是获得更高的热功转换效率,以实现中低温热能的高效利用。提升 ORC 系统热功转换效率的主要因素在于改进膨胀机的性能、减少换热过程㶲损和制定合理的运行策略,实现途径包括工质优选[7,29,31-32,36,40,42-43,48,59]、循环形式改进[15,18,25,29-30,34,62-65]、部件设计[45,51,66-73]和参数优化[22,24-25,27-28,33,49,59,65,74]等。研究表明,换热过程㶲损超过 ORC 系统总㶲损的 70%[63-64,74-76],是制约 ORC 系统热功转换效率提高的关键。

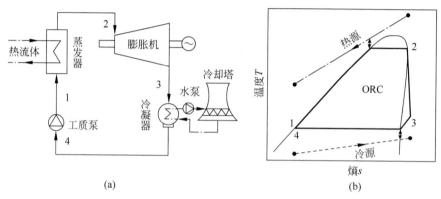

(a)

(b)

图 1.2　简单 ORC 系统及其热力过程

(a) 系统示意图;(b) 热力过程温熵图

从图 1.2(b)可发现,ORC 的换热过程㶲损主要源于循环吸热曲线与热源释热曲线间,以及循环放热曲线与冷源吸热曲线间的换热温差;温差越大,换热过程㶲损越多,导致循环所围面积变小、热功转换效率降低。因此,使循环吸热(放热)曲线分别贴近热源(冷源)曲线是提升热功转换效率的关键。可采用的途径包括:①改善循环吸热(放热)过程与热源(冷源)的温度匹配程度;②减小循环吸热(放热)过程与热源(冷源)间的夹点温差。

改善循环吸热(放热)过程与热源(冷源)的温度匹配程度,可采用的途径包括:选用具有合适吸热(放热)温度变化特性的工质;改进循环形式,设计合适的吸热(放热)过程。减小循环吸热(放热)过程与热源(冷源)间夹点温差的有效方法为提升换热性能。因此,需从工质、循环、换热三方面着手,以大幅降低循环换热过程㶲损为突破口,提升 ORC 的热功转换效率,进而实现 200℃以下中低温热能的高效热功转换。

1.2　ORC 的研究现状

本节从循环工质、循环形式和强化换热三方面出发,对 ORC 的研究现状进行综述分析。

1.2.1　循环工质

工质是实现能量传递和热功转换的物质载体,也是循环构建的基础[18,25,36,59,77-81]。ORC 的工质筛选需综合考虑:热力性能(临界参数、饱和线斜率、相变潜热等)、热稳定性能(热分解温度、与容器壁反应温度等)、环保性能(臭氧消耗潜势(ODP)、全球变暖潜能值(GWP)等)、安全性能(可燃性、毒性、腐蚀性等)和经济性能(单位发电成本、净现值、投资回收期等)等[18-20,79,81-84]。

目前,ORC 的研究和应用以纯工质为主[60,81,85-86],但不同纯工质的物质特性呈离散点状分布,采用常规方式仅能从有限种类中筛选出性能较佳的工质[59,81,85-87]。近年来,随着一系列国际环保协定的生效与实施,如《蒙特利尔议定书》(1989 年)及之后的诸多修正案、《京都议定书》(2005 年)和《巴黎协定》(2016 年)等,大量常见的有机工质已经或正在被逐渐淘汰,如氯氟烃(CFC)类、含氢氯氟烷烃(HCFC)类和氢氟烃(HFC)类等,纯工质的遴选范围被进一步缩小,给 ORC 的研究和应用带来了严峻挑战。此外,纯工质吸热或放热过程的形式相对单一,其等温相变特性导致循环与冷热源的温度匹配程度较差、换热㶲损多,是 ORC 高效热功转换的重要制约因素[15,59,76,85,88]。

非共沸工质是由两种及以上纯工质组成、等压相变过程中温度会发生变化的混合物[89]。相比常用的纯工质,非共沸工质具有以下突出优势。

(1)组元优势互补:非共沸工质可实现其组元纯工质性能间的优势互补[59,85,88,90],扩大了 ORC 工质的遴选范围。

(2)由"筛选"到"设计":非共沸工质通过改变组元的种类、数量和组分配比,可根据实际需求主动"设计"循环工质[86,90-91],提高了循环设计的灵活度。

(3)改善温度匹配:非共沸工质的变温相变特性可改善循环吸热(放

热)过程与热源(冷源)的温度匹配程度,减少换热过程㶲损,进而提高热功转换效率[15,28-29,33,76,85,88,92-99];图 1.3 是纯工质和非共沸工质 ORC 热力过程的对比示意图,其中阴影部分表征做功的增加量。非共沸工质改善放热过程与冷源温度匹配程度的效果尤为显著[28,33,85,88,100]。

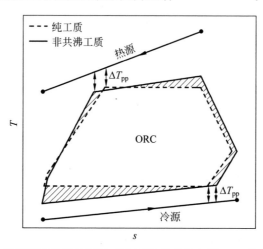

图 1.3　相同的冷热源条件下,纯工质和非共沸工质 ORC 的热力过程

在 ORC 系统中,非共沸工质相对纯工质的热力性能优势已经得到了论证。例如,Heberle 等[28]研究了采用 R600a/R601a 和 R227ea/R245fa 非共沸工质的亚临界 ORC 系统的热力性能,发现对于 120℃的地热,非共沸工质的循环㶲效率相对最优纯工质增加了 4.3%~15%。Lecompte 等[76]以 150℃热源驱动的亚临界 ORC 系统为研究对象,采用 6 种非共沸混合物作为工质,对循环㶲性能开展对比分析,结果表明,非共沸工质的㶲效率相对纯工质增加了 7.1%~14.2%。Liu 等[33]以地热驱动的亚临界 ORC 系统为研究对象,发现当热源入口温度为 110℃、130℃和 150℃时,R600a/R601a 非共沸工质的净输出功相对 R600a 可分别增加 11%、7%和 4%。Zhao 和 Bao[94]的研究结果不仅表明,在亚临界 ORC 系统采用非共沸工质可有效提高热功转换效率,而且发现,热源入口温度对非共沸工质的性能优势有显著影响。Li 等[95]的研究结果表明,相对于纯工质采用 R245fa/R600a 和 R245fa/R152a,非共沸工质可有效提高亚临界 ORC 系统的净输出功,且净输出功的相对增加量与工质的组分选取密切相关。Wang 等[97]针对 115℃热源驱动的 R600a/R601a 非共沸工质亚临界 ORC 系统开展实验研究,发现 R600a/R601a 非共沸工质的净输出功相对于 R600a 和 R601a

分别增加了 71％和 25％。Chen 等[92]对比了非共沸工质和纯工质在跨临界 ORC 系统中的热力性能,研究结果表明,当透平入口温度为 393～473 K 时,R134a/R32(0.7/0.3)非共沸工质的热效率相对于 R134a 增加了 10％～30％。Baik 等[29]对比了 100℃热源驱动的 R134a 亚临界 ORC 系统和 R125/R245fa 非共沸工质跨临界 ORC 系统的热力性能,发现 R125/R245fa 非共沸工质跨临界 ORC 系统的输出功相对增加了 11％。Ge 等[99]以 300～350℃内燃机余热驱动的双循环 ORC 系统为研究对象,采用环戊烷/环己烷和苯/甲苯非共沸工质作为顶循环,R600a/R601a 非共沸工质作为底循环,发现系统净输出功可相对于纯工质分别增加 2.5％～9.0％和 1.4％～4.3％。Shu 等[96]的研究结果也表明,对于内燃机余热驱动的 ORC 系统,采用基于烷烃的非共沸工质可以获得比纯工质更高的系统效率。Tian 等[98]的研究表明,对于双循环 ORC 系统,在顶循环中采用八甲基环四硅氧烷/R123 非共沸工质可以获得比纯工质更好的热力性能。

综上所述,非共沸工质有利于实现组元性能的优势互补,扩大工质的遴选范围,实现了工质由"筛选"到"设计"的转变,并可有效改善换热过程的温度匹配,提升热功转换效率,因此它正在成为 ORC 领域研究应用的新趋势[85,88]。

1.2.2 循环形式

热力循环是 ORC 系统设计的基础,直接决定系统的热功转换效率[15,62,65]。根据工质吸热压力与其临界压力的相对高低,ORC 可分为亚临界循环和跨临界循环[18,59,62,101]。亚临界循环的运行压力低、安全稳定,目前是 ORC 研究应用的主要循环形式[15,62]。跨临界循环对一些热源的温度匹配更好[25,27,101-103],但有可能导致热源出口温度显著升高[25,104-106],使得热源热量利用不充分;且跨临界循环吸热压力高、近临界区工质物性变化剧烈[19,107-109],对运行安全性和稳定性的要求更高。进一步考虑工质饱和气相线斜率和膨胀机入口处工质状态的影响,ORC 还可划分为 b1、b2、b3、o2、o3、s1 和 s2 共 7 种循环形式[110];其中,s1 和 s2 是跨临界循环,其余是亚临界循环。此外,对于 ORC 的基础循环,还可添加内部回热器[15,100,111-116]、抽气回热[15,113,115-119]、再热[113,115,120]、蒸气喷射[15,121-122]等改进措施,进一步提高热功转换效率。循环改进和优化研究一直是 ORC 领域的研究焦点,国内外学者对此开展了大量研究。Chen 等[18]、Tchanche 等[62]和 Lecompte 等[15]均针对 ORC 的循环改进和优化的研究进展与发展动态开展过详细综述。

目前,ORC 的循环设计普遍是从常规的循环形式中筛选出性能相对最佳的形式。但是,中低温热源种类繁多、特性各异、热源释热曲线多样[19,62,123],而常规循环的吸热形式较为固定、可调性不佳,进一步提升循环与热源间温度匹配程度的难度大,制约了热功转换效率的提升[65,124]。

采用多压蒸发吸热过程的 ORC(以下简称"多压蒸发循环")包含多个不同压力的蒸发过程和一个冷凝过程[65],基于工质在不同压力时吸热特性不同的特点,可采用多个吸热流程(包括预热、蒸发和过热过程)构造出"锯齿形"的吸热曲线,在保证夹点温差的条件下尽可能贴近热源流体的释热曲线,如图 1.4 所示。相对常规的循环形式,多压蒸发循环的优点主要有以下几点。

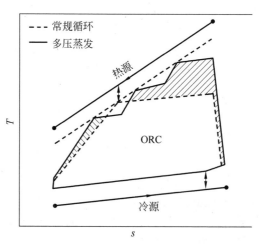

图 1.4   相同的冷热源条件下,多压蒸发(3 个蒸发等级)与常规非共沸工质 ORC 的热力过程

(1)改善温度匹配程度,提高热功转换效率:多压蒸发显著增加了循环吸热过程中的可调参量,如吸热级数和各级中的蒸发压力、过热度及工质流量等,可根据热源流体的释热特性,主动设计循环吸热过程,以实现与热源释热过程更好的温度匹配,减少换热㶲损,兼顾循环效率提高和热源出口温度降低,可实现对中低温热能的更充分利用[15,65,124]。

(2)提升热源适应性:多压蒸发打破了传统等压吸热曲线的单一形式,增强了循环吸热过程的设计灵活性[124],提升了循环对不同类型中低温热源的适应性,能够满足种类繁多、特性各异的中低温热源应用需求。

多压蒸发理念在基于水蒸气朗肯循环的余热锅炉中已有一些基础研究[125-129]，实际应用也切实可行[125,128-129]。但由于有机工质与水的物性差异显著、应用条件迥异，采用有机工质的多压蒸发循环无法简单移植水蒸气朗肯循环的研究结论。多压蒸发循环在 ORC 领域的相关研究如表 1.2 所示[26,30,34,64,113,130-142]。尽管目前的研究相对较少，但多压蒸发循环的热力性能优势已得到了论证。例如，Li 等[64]提出了双压蒸发循环的两种形式：串联式双压蒸发 ORC（STORC）和并联式双压蒸发 ORC（PTORC），并将其热力性能与常规单压蒸发 ORC 进行对比，研究结果表明，在热源为 90～120℃的地热水、工质为 R245fa 的条件下，STORC 的净输出功可相对增加 6.5%～9.0%，PTORC 的净输出功可相对增加 3.3%～4.5%。Shokati 等[135]基于 175℃热源，对比了常规单压蒸发 ORC、双压蒸发 ORC、复叠式 ORC 和卡琳娜循环的热力性能，发现双压蒸发 ORC 的净输出功最大，相对单压蒸发 ORC、复叠式 ORC 和卡琳娜循环分别增加了 15.2%、35.1%和 43.5%。Manente 等[141]针对 5 个典型的热源温度，对比分析了单压蒸发 ORC 和双压蒸发 ORC 系统的热力性能，研究结果表明，双压蒸发 ORC 的净输出功相对单压蒸发 ORC 增加了 29%。Walraven 等[30]对比分析了不同蒸发等级（1～9 级）的纯工质 ORC 系统的热力性能，发现增加蒸发等级有利于提高㶲效率，但是㶲效率增加量会随蒸发等级的增加而减小。此外，回热和再热等改进措施仍可用于多压蒸发循环。DiGenova 等[113]在多压蒸发 ORC 的基础上，引入了回热和再热等改进措施，为复杂的多热源工况（费托合成过程多股不同温度余热）定制出了一个高效的热力循环，实现了中低温热能的更高效利用。

表 1.2　多压蒸发 ORC 的主要相关研究

作者	年份	热源	工质	循环形式
Gnutek 和 Bryszewska-Mazurek[130]	2001	余热，120℃	R123	两个蒸发等级、蒸发器出口均为饱和蒸气
Kanoglu[131]	2002	地热，163℃	R601a	两个蒸发等级、蒸发器出口均为过热蒸气
Franco 和 Villani[26]	2009	地热，110～160℃	6 种纯工质	两个蒸发等级、蒸发器出口均为过热蒸气
DiGenova 等[113]	2013	余热，多热源耦合利用	己烷	多个蒸发等级与回热、再热等措施联合应用

续表

作者	年份	热源	工质	循环形式
Walraven 等[30]	2013	地热,100～150℃	20 余种纯工质	9 个蒸发等级、蒸发器出口均为饱和蒸气
Peris 等[132]	2013	内燃机冷却水余热,90℃	10 种纯工质	两个蒸发等级、蒸发器出口均为过热蒸气
Guzovic 等[133]	2014	地热,175℃	R601a	两个蒸发等级、蒸发器出口均为过热蒸气
Li 等[134]	2014	地热,80～150℃	R601a	两个蒸发等级、蒸发器出口均为饱和蒸气
Li 等[64]	2015	地热,90～120℃	R245fa	两个蒸发等级、两种循环形式、蒸发器过热度均为 5℃
Shokati 等[135]	2015	地热,175℃	R601a	两个蒸发等级、蒸发器出口均为饱和蒸气
Li 等[136]	2015	地热,90～120℃	R245fa	两个蒸发等级、蒸发器出口过热度均为 5℃
Kazemi 等[137]	2016	地热,150℃	R123、R600a	两个蒸发等级、蒸发器出口均为过热蒸气
Sadeghi 等[138]	2016	地热,100℃	10 种非共沸工质	两个蒸发等级、蒸发器出口均为过热蒸气
Dai 等[139]	2016	地热,110℃	R245fa	两个蒸发等级、蒸发器出口过热度均为 5℃
Li 等[140]	2016	地热,90～120℃	R245fa	两个蒸发等级、蒸发器出口过热度均为 5℃
Wang 等[34]	2017	地热,105℃	R245fa	两个蒸发等级、蒸发器出口过热度均为 5℃
Manente 等[141]	2017	地热,100～200℃	8 种纯工质	两个蒸发等级、高压蒸发器过热度 2℃、低压蒸发器过热度 0.01℃
Sun 等[142]	2017	地热,100℃	R245fa	两个蒸发等级、蒸发器出口过热度均为 5℃

此外,与非共沸工质联用,多压蒸发循环还可利用工质的变温相变特性进一步改善各级中工质与热源流体的温度匹配程度,如图 1.4 所示。Sadeghi 等[138]基于 100℃热源和 10 种非共沸工质,对比了单压蒸发 ORC、PTORC 和 STORC 的热力性能,研究结果表明,STORC 的净输出功最大,相对单压蒸发 ORC 最多可增加 34.3% 的净输出功。

综上所述,多压蒸发打破了传统等压吸热曲线的单一形式,增加了吸热过程的构建自由度,可显著改善温度匹配程度并提升循环的热源适应性,在 ORC 领域展现出巨大的应用潜力和研究价值。

1.2.3　强化换热

强化换热可在相同换热面积的基础上减小夹点温差,从而减少换热㶲损、提高热功转换效率。对于 ORC,相比于吸热过程,放热过程对强化换热的需求更为迫切,原因在于,采用非共沸工质已经可以使循环放热过程与冷源取得较为理想的温度匹配程度[28,33,85,88,100],降低夹点温差成为进一步减少换热㶲损的关键。而对于吸热过程,虽然降低夹点温差也可以减少换热㶲损,但循环吸热过程与热源间较差的温度匹配程度导致的换热㶲损的减少空间一般更大[143-145]。另外,工质在放热过程的平均换热系数一般也明显低于其吸热过程,换热性能更差[146-148],特别是对于非共沸工质,由于冷凝过程中传质阻力的存在,其换热性能会进一步恶化[149-151]。此外,工质放热过程较差的换热性能不仅是制约其换热㶲损减少的关键,更是阻碍 ORC 系统热经济性能提升的关键因素。Heberle 和 Bruggemann[152]的研究结果表明,对于采用湿冷方式的 ORC 系统,冷凝器的购买成本可超过部件总购买成本的 35.8%,对系统的经济性能具有显著影响。Zare[153]的研究结果也表明,冷凝器的㶲损成本比是 ORC 系统中最高的。冷凝器的尺寸对 ORC 系统的整体尺寸也有显著影响,这也是制约系统小型化的关键因素[154-155]。总体而言,在保证 ORC 系统经济性能的基础上,为提高热功转换效率,提升工质冷凝换热性能至关重要。

目前常用的强化换热方法包括采用小管径通道、强化表面(如螺纹管、翅片管)和增加流动湍流度(如管内插入物)等[148,156,157]。然而,在 ORC 系统中采用这些方法普遍会导致工质的流动阻力明显增大[155-157],工质泵的耗功增加,还会使系统运行严重偏离设计工况、热力性能恶化[155,158-159]。因此,需要寻找能兼顾换热系数提高和流动阻力降低的强化换热方式。

分液冷凝是一种新兴的强化换热方法[24,155,160-164],它能够在工质冷凝过程中将冷凝液从气液两相流中分离出来,降低冷却表面的液膜厚度并提高工质干度,同时采用"中间排液、分段冷凝"的方式提升冷凝换热性能[24,163-165]。其主要优点有以下3个。

(1)兼顾换热强化和流阻减小:分液冷凝方法的核心思想是利用工质高干度区的良好换热特性来提高平均冷凝换热系数[24,163-165],如图 1.5 所示;同时通过气液分离有效降低工质的流动阻力[155,162-163,166],可兼顾换热强化和流阻减小。

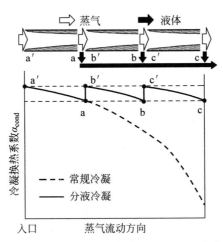

图 1.5　分液冷凝方法的强化换热原理[24]

实线表示中间有两处分液的冷凝流程,通过将冷凝液排除、提高工质干度来
保持较高换热系数;常规冷凝方式则是换热系数沿流程不断降低

(2)调节工质组分,降低传质阻力:对于非共沸工质,分液冷凝方法会改变各流程中的工质组分[24,167],如图 1.6 所示,可通过合理地设计各流程的工质组分来提高平均冷凝换热系数。另外,非共沸工质的传质阻力"热阻"一般沿流程逐渐增大[148],分液冷凝方法对流程的中间打断有利于减小传质阻力的影响。

(3)可结合传统的强化换热方法,实现优势叠加:分液冷凝方法可与传统的强化换热方法(如小管径换热通道、强化换热表面等)一同使用,实现方法间的优势叠加[167-169]。

分液冷凝方法的主要相关研究如表 1.3 所示[155,158-159,162-163,165-179]。分液冷凝理念由清华大学彭晓峰教授率先提出[160-161]。彭晓峰等[165]探究了分液冷凝方法兼顾换热系数提高和流动阻力降低的机理。分液冷凝方法

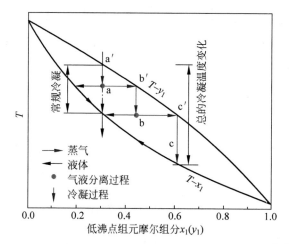

图 1.6 对于非共沸工质,分液冷凝方法会改变各流程中的工质组分[24]（见文前彩图）
a′—a、b′—b、c′—c 3 个流程的工质组分不同,a—b′、b—c′为分液段

表 1.3 分液冷凝方法的主要相关研究

作者	年份	换热器类型	工质	应用领域
彭晓峰等[165]	2007	管壳式	水	供热系统
Wu 等[166]	2010	管翅式	R22	制冷系统
Chen 等[170]	2012	管翅式	R22	制冷系统
邓立生等[171]	2012	管翅式	R410a	制冷系统
陈二雄等[172]	2012	管翅式	R22	未指定
Chen 等[162]	2013	管翅式	R22	制冷系统
Hua 等[173]	2013	管翅式	R134a	制冷系统
郑文贤等[174]	2013	管翅式	未说明	制冷系统
Zhong 等[163]	2014	管翅式	R134a	未指定
Mo 等[175]	2014	管翅式	水+空气	未指定
Zhong 等[168]	2014	管翅式	R134a	未指定
Chen 等[176]	2015	管翅式	R22	制冷系统
Mo 等[177]	2015	仅分液部件	水+空气	未指定
Luo 等[155]	2016	管翅式	R245fa	ORC 系统
Zhong 等[169]	2016	管翅式	R134a	未指定
李连涛等[178]	2016	管壳式	水	未指定
陈颖等[179]	2017	管翅式	R134a	未指定
Yi 等[158]	2017	管翅式	R134a	ORC 系统
Luo 等[167]	2017	板式	R245fa/R601	ORC 系统
Luo 等[159]	2017	管翅式	R134a	ORC 系统

兼顾强化换热和降低流阻的优势也得到了实验证明。Wu 等[166]设计了一个采用分液冷凝方法的空冷管翅式冷凝器,实验结果表明,达到相同热力性能时,采用分液冷凝方法的冷凝器(以下简称"分液冷凝器")的换热面积相对常规管翅式冷凝器可减少 37%。Chen 等[162]采用实验方法分析了分液冷凝器在 R22 空调系统中的性能,发现对于相同的制冷量和能源利用率,分液冷凝器的换热面积仅为常规冷凝器的 67%。李连涛等[178]通过实验研究了管壳式冷凝器的性能,研究结果表明,分液冷凝方法的换热系数相对常规冷凝方法增加了 25.1%。Zhong 等[163]的研究结果表明,分液冷凝器的流动压降相对蛇形管冷凝器和平行流冷凝器可分别减少 77.1%~81.4% 和 57.5%~64.6%。Hua 等[173]以空冷式分液冷凝器为研究对象,在制冷系统中验证了分液冷凝方法兼顾强化换热和降低流阻的优势。Luo 等[155]对比分析了空冷式分液冷凝器、平行流冷凝器和蛇形管冷凝器在 ORC 系统中的换热性能,研究结果表明,空冷式分液冷凝器的投资成本相对平行流冷凝器和蛇形管冷凝器分别降低了 3.74% 和 34.50%,换热性能更好;另外,采用空冷式分液冷凝器的 ORC 系统热效率相对采用平行流冷凝器和蛇形管冷凝器的 ORC 系统分别增加了 0~13.75% 和 25.25%~65.53%,说明采用分液冷凝方法可有效提高 ORC 系统的热功转换效率。Mo 等[175,177]还探究了分液冷凝器中气液分离的有效控制方法,为实现气液分离提供了重要帮助。此外,分液冷凝器易于加工、运行稳定、维护方便,已在制冷和供热系统中得到了实际应用[165-166,168,173,176]。图 1.7 是空调系统中管翅式分液冷凝器的实物图。

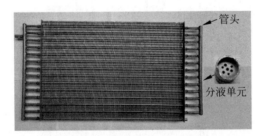

图 1.7 空调系统中管翅式分液冷凝器实物[24,163]

综上所述,分液冷凝方法可兼顾换热系数提高和流动阻力降低,有望在相同换热面积的基础上显著降低放热过程的夹点温差,进一步提高 ORC 系统的热功转换效率。

1.3 现存问题及本书任务

本书以 200℃ 以下中低温热能的高效热功转换为目标,以 ORC 为研究对象,以减少换热过程㶲损为切入点,从工质、循环、换热三方面出发,提出了构建"多压蒸发、分液冷凝"非共沸工质 ORC 新循环的研究思路。

本书提出的新循环从工质物性、循环形式、换热过程多个维度大幅拓展了循环的构建空间,引入了组元种类、工质组分、蒸发等级、分液级数,以及各级的压力、流量、组分等可调参量,循环的构建灵活度高、热源适应性好,可更好地满足中低温热能特点对热力循环提出的新要求、新挑战。此外,纯工质可视为非共沸工质的一种特例(一种组元的组分占比为 1,其他组元的组分占比为 0),传统的单压蒸发循环可视为多压蒸发循环的一种特例(蒸发级数为 1),常规冷凝方法可视为分液冷凝方法的一种特例(分液级数为 0)。因此,"多压蒸发、分液冷凝"非共沸工质 ORC 的适用性强,研究成果的可推广性好,其研究可为拓展、完善中低温热能的高效热功转换理论提供重要助力。

多压蒸发、分液冷凝和非共沸工质的结合,还有望起到优势叠加、相互促进的作用。非共沸工质的变温相变特性不仅可进一步改善多压蒸发循环中各级工质与热源流体的温度匹配程度,还可改善工质与冷源流体的温度匹配程度,从而显著提高热功转换效率。而分液冷凝方法有利于减小非共沸工质的传质阻力,有望进一步提升非共沸工质的冷凝换热性能,减小夹点温差以提升循环的热功转换效率。但是,现有的相关研究还存在一定的不足和缺陷。

首先,对于多压蒸发循环,目前的研究普遍是基于特定的工质或热源温度,增加蒸发等级是否一定会提高 ORC 系统的热功转换效率,多压蒸发循环的适用条件并不明确;而循环的性能优势又与工质种类和热源温度密切相关,最佳循环形式(多压蒸发循环或单压蒸发循环)、工质物性和热源温度间的耦合关系仍有待揭示。在多压蒸发循环的基础上,能否进一步提高 ORC 系统的热功转换效率,以及如何提高,也是值得探究的重要问题。此外,多压蒸发循环改善了循环与热源流体间的温度匹配程度,虽然显著减少了换热过程㶲损,但也会因换热温差的减小而增大所需的换热面积,进而增加系统的投资成本,热力性能好但其经济性能可能恶化。然而,目前关于多压蒸发 ORC 系统经济性能的研究更是相对缺乏,有必要对单压蒸发

ORC 系统和多压蒸发 ORC 系统的热经济性能开展对比分析,以实现对多压蒸发循环应用潜力的更全面评估。

其次,对于分液冷凝方法,现有的研究普遍是基于预先设定的分液位置(工质在冷凝流程中发生气液分离的位置),进而评估分液冷凝方法相对传统冷凝方法的强化换热效果,然而,分液位置本身是一个可优化的重要参量,对分液冷凝方法的强化换热效果有显著影响。因此,有必要探究分液冷凝方法在不同分液位置下的强化换热效果,并揭示冷凝器主要设计参数对分液冷凝方法最佳分液位置及其强化换热效果的影响。此外,目前关于分液冷凝方法的研究普遍针对空冷管翅式冷凝器,而对于 ORC 系统中常见的管壳式冷凝器[28,33,45,70,98,137,180-184]还缺少相关研究。对于不同类型的换热器,分液冷凝方法的强化换热效果和冷凝器设计参数的影响规律皆会有所差异,管翅式分液冷凝器的研究结论并不能直接用于管壳式分液冷凝器的优化设计,有必要对管壳式分液冷凝器开展针对性研究,并从 ORC 系统层面对分液冷凝方法的性能优势和适用工况开展全面分析。特别是对于非共沸工质 ORC 系统,分液冷凝方法的引入将改变冷凝过程中工质的沿流程组分及工质整体的冷凝温度变化特性[24,167],如图 1.6 所示,进而改变 ORC 的循环结构和热力特性,然而目前对于采用分液冷凝方法的非共沸工质 ORC 系统还缺少针对性研究,系统在不同工况下的最佳参数选取、热力性能及分液冷凝方法的性能优势皆有待探究。

因此,本书的整体研究框架如图 1.8 所示,从循环的吸热端(双压蒸发循环)和放热端(分液冷凝方法)共同出发,致力于减少换热过程㶲损。

本书的研究内容从以下几方面展开。

(1) 为避免过多蒸发等级所导致的流程复杂化,在循环吸热端选取双压蒸发循环作为本书的研究重点;针对纯工质双压蒸发循环开展参数优化和热力性能分析,探究循环的流程设计方案;以常规单压蒸发循环作为比较对象,评估双压蒸发循环的热力性能优势,并探究最佳循环形式、工质物性和热源温度间的耦合关系。

(2) 为进一步提高热功转换效率,在双压蒸发循环的基础上,从工质角度引入非共沸工质,构建非共沸工质双压蒸发循环,分析热源温度和工质组分对两者结合优势的影响,定量化评估引入非共沸工质所获得的收益及其适用范围。

(3) 从循环结构角度引入超临界吸热过程,提出超临界与亚临界吸热过程相耦合的新型循环,探索新循环在不同工况下的设计准则,对比评估新

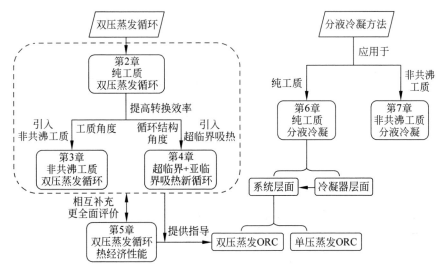

图 1.8 本书的整体研究框架

循环的热力性能及其热力学完善度。

（4）从热经济性能角度评估双压蒸发循环的应用潜力,探究工况条件对其热经济性能及其性能优势的影响,揭示双压蒸发循环的适用工况和适用工质;与之前双压蒸发循环热力性能的研究相互补充,实现更全面的评价。

（5）在循环放热端,采用分液冷凝方法;先将此方法应用于纯工质 ORC 系统,在管壳式分液冷凝器层面,分析冷凝器设计参数对分液冷凝方法强化换热效果和最佳分液位置的影响,建立分液冷凝器的设计准则;然后,将管壳式分液冷凝器应用于单压蒸发 ORC 系统和双压蒸发 ORC 系统,评估分液冷凝方法相对传统冷凝方法的性能优势,并探究工况条件对其性能优势的影响;探讨分液冷凝方法与双压蒸发循环的结合优势。

（6）将分液冷凝方法引入非共沸工质 ORC 系统,建立系统参数的最佳选取方案,分析系统的热经济性能特性,评估分液冷凝方法对非共沸工质 ORC 系统热经济性能的提升效果,探讨分液冷凝方法与非共沸工质的结合优势。

第2章 纯工质双压蒸发 ORC 的热力性能分析

2.1 本章引言

本章以典型的双压蒸发 ORC 系统（串联式双压蒸发 ORC，STORC[64]）为研究对象，选取 9 种常见的纯工质，针对入口温度为 100～200℃且无出口温度限制的热源开展研究。100～200℃的热源在可再生能源和余热资源中储量丰富、分布广泛[16,19-20,123]。首先，本章以单位流量（kg/s）热源流体的最大净输出功为优化目标，获得单压蒸发 ORC 系统和双压蒸发 ORC 系统在不同热源温度下的最佳蒸发压力和蒸发器最佳出口温度；然后，对比分析单压蒸发 ORC 系统和双压蒸发 ORC 系统的热力性能，揭示最佳循环形式（双压蒸发循环或单压蒸发循环）、工质物性和热源温度间的耦合关系，建立双压蒸发循环适用热源温度区间的定量化评估准则；最后，评估双压蒸发 ORC 的热力学完善度，给出循环中的㶲损分布特征。

2.2 系统建模

2.2.1 循环形式与工质

对于纯工质单压蒸发 ORC 系统和双压蒸发 ORC 系统，其系统布置和循环过程分别如图 2.1 和图 2.2 所示。

单压蒸发 ORC 系统中，饱和液态工质先经工质泵加压到蒸发压力（1→2 过程），再进入蒸发器吸热转变为饱和或过热蒸气（2→7 过程），高温高压蒸气进入透平膨胀做功（7→10 过程），透平的出口蒸气进入冷凝器被冷却为饱和液体（10→1 过程），完成循环过程。

双压蒸发 ORC 中，饱和液态工质先经低压工质泵加压到低压级蒸发压力（1→2 过程），低压工质先在预热器中吸热转变为饱和液体（2→3 过程），

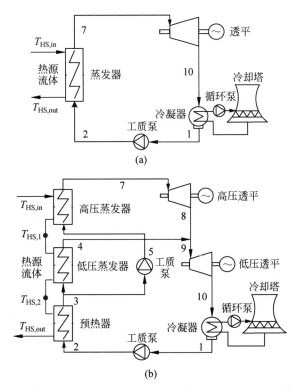

图 2.1　单压蒸发 ORC 系统和双压蒸发 ORC 系统的布置

（a）单压蒸发 ORC 系统；（b）双压蒸发 ORC 系统

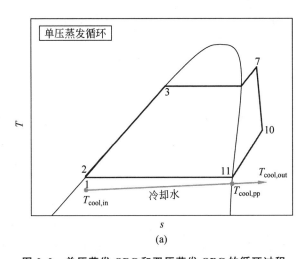

图 2.2　单压蒸发 ORC 和双压蒸发 ORC 的循环过程

（a）单压蒸发 ORC；（b）双压蒸发 ORC；（c）双压蒸发 ORC 吸热过程 $T\text{-}Q$

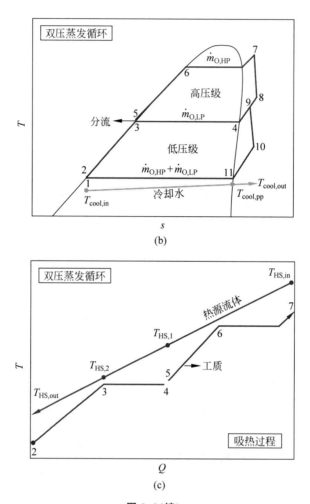

图 2.2（续）

再在预热器出口处分为两股流体：一股流体进入低压级蒸发器吸热转变为饱和或过热蒸气（3→4 过程），而另一股流体先经高压工质泵加压到高压级蒸发压力（3→5 过程），然后进入高压级蒸发器吸热转变为饱和或过热蒸气（5→7 过程）；高压级蒸发器的出口蒸气首先在高压透平中膨胀做功（7→8 过程），直到其压力降至低压级蒸发压力；高压透平的出口蒸气与低压级蒸发器的出口蒸气一同进入低压透平膨胀做功（9→10 过程），压力降至冷凝压力；低压透平的出口蒸气进入冷凝器被冷却为饱和液体（10→1 过程），完成循环过程。双压蒸发循环中吸热环节的详细热力过程如图 2.2(c)所示。

选取 9 种常见的纯工质：R227ea、R236ea、R245fa、R600、R600a、R601、R601a、R1234yf 和 R1234ze(E)，其主要物性参数如表 2.1 所示[185-186]。这 9 种纯工质均为干流体或等熵流体[7,32]，在 ORC 系统中应用广泛，之前的研究也表明，这 9 种工质可以在 ORC 系统中获得良好的热力性能[25,74,101,187-201]，应用前景较好。

表 2.1　9 种纯工质的主要物性参数[185-186]

工质	临界温度 T_c/℃	临界压力 p_c/MPa	ODP	GWP_{100}
R227ea	101.75	2.93	0	3220
R236ea	139.29	3.42	0	1370
R245fa	154.01	3.65	0	1030
R600	151.98	3.80	0	∼20
R600a	134.66	3.63	0	∼20
R601	196.55	3.37	0	∼20
R601a	187.20	3.38	0	∼20
R1234yf	94.70	3.38	0	4
R1234ze(E)	109.36	3.63	0	6

2.2.2　数学模型

单压蒸发 ORC 系统和双压蒸发 ORC 系统的模型条件如表 2.2 所示。热源流体为热水，在可再生能源和余热资源中较为常见[6,19,33,123,152]。当热源入口温度分别为 100∼150℃、151∼180℃ 和 181∼200℃ 时，热源流体的压力分别选取为 0.5 MPa、1.2 MPa 和 1.6 MPa，以保证热源流体处于液态。热源的出口温度无特殊限制，若不考虑换热温差约束，理论上最低可降至环境温度[123,202]，如炼油厂中的导热油、工业中的各种冷却液和许多地热资源均属于这类热源[19-20,113,123,152,202]。

表 2.2　单压蒸发 ORC 系统和双压蒸发 ORC 系统的模型条件

参　　　数	数　　　值
热源入口温度 $T_{HS,in}$/℃	100∼200
热源流体的流量 $\dot{m}_{HS}$/(kg/s)	1
热源流体的压力 p_{HS}/MPa	0.5,1.2,1.6
吸热过程的夹点温差 $\Delta T_{HAP,pp}$/℃	5
冷凝过程的夹点温差 $\Delta T_{HRP,pp}$/℃	5
冷却水的入口温度 $T_{cool,in}$/℃	20

参　　　数	数　　　值
冷却水在冷凝过程中的温升($T_{cool,pp} - T_{cool,in}$)/℃	5
冷却水的压力 p_{cool}/MPa	0.101
冷却水循环泵的压头 H/m	10
工质泵的内效率 η_P/%	75
透平的内效率 η_T/%	80

为简化分析,本节假定 ORC 系统处于稳定运行状态[27,32,34,76,93,95-96,137,139,201],忽略流体在换热器和管道中的流动压降及各部件的散热损失[27,32,34,76,93,95-96,137,139,201],忽略流体重力势能和动能的影响[34,64,76,137,142]。

ORC 系统的吸热量为

$$Q_{sys} = \dot{m}_{HS}(h_{HS,in} - h_{HS,out}) \tag{2-1}$$

式中,$h_{HS,in}$ 和 $h_{HS,out}$ 分别是热源流体在入口和出口处的比焓。

单压蒸发 ORC 系统中的工质流量为

$$\dot{m}_{O,SP} = \frac{Q_{sys}}{h_7 - h_2} \tag{2-2}$$

式中,h_7 和 h_2 分别是工质在蒸发器出口和入口处的比焓。

双压蒸发 ORC 系统中高压级的工质流量为

$$\dot{m}_{O,HP} = \frac{\dot{m}_{HS}(h_{HS,in} - h_{HS,1})}{h_7 - h_5} \tag{2-3}$$

式中,$h_{HS,1}$ 是热源流体在高压级蒸发器出口处的比焓;h_7 和 h_5 分别是工质在高压级蒸发器出口和入口处的比焓。

双压蒸发 ORC 系统中低压级的工质流量为

$$\dot{m}_{O,LP} = \frac{\dot{m}_{HS}(h_{HS,1} - h_{HS,2})}{h_4 - h_3} \tag{2-4}$$

式中,$h_{HS,2}$ 是热源流体在低压级蒸发器出口处的比焓;h_4 和 h_3 分别是工质在低压级蒸发器出口和入口处的比焓。

单压蒸发 ORC 系统中透平的输出功为

$$W_{T,SP} = \dot{m}_{O,SP}(h_7 - h_{10}) \tag{2-5}$$

式中,h_{10} 是工质在透平出口处的比焓。

双压蒸发 ORC 系统中,高压透平出口蒸气与低压蒸发器出口蒸气的混合过程为绝热过程,工质的总焓保持不变,透平的总输出功为

$$W_{T,DP} = \dot{m}_{O,HP}(h_7 - h_8) + (\dot{m}_{O,HP} + \dot{m}_{O,LP})(h_9 - h_{10}) \tag{2-6}$$

式中，h_8 是工质在高压透平出口处的比焓；h_9 和 h_{10} 分别是工质在低压透平入口和出口处的比焓。

单压蒸发 ORC 系统中工质泵的耗功为

$$W_{P,SP} = \dot{m}_{O,SP}(h_2 - h_1) \tag{2-7}$$

式中，h_1 是工质在工质泵入口处的比焓。

双压蒸发 ORC 系统中工质泵的总耗功为

$$W_{P,DP} = \dot{m}_{O,HP}(h_5 - h_3) + (\dot{m}_{O,HP} + \dot{m}_{O,LP})(h_2 - h_1) \tag{2-8}$$

式中，h_3 是工质在预热器出口处的比焓；h_1 和 h_2 分别是工质在低压工质泵入口和出口处的比焓。

冷却系统的耗功为[33]

$$W_{cool} = \dot{m}_{cool}gH \tag{2-9}$$

式中，g 是重力加速度，9.8 m/s；$\dot{m}_{cool}$ 是冷却水流量，其在单压蒸发 ORC 系统和双压蒸发 ORC 系统中的计算式分别为

$$\dot{m}_{cool,SP} = \frac{\dot{m}_{O,SP}(h_{11} - h_1)}{h_{cool,pp} - h_{cool,in}} \tag{2-10a}$$

$$\dot{m}_{cool,DP} = \frac{(\dot{m}_{O,HP} + \dot{m}_{O,LP})(h_{11} - h_1)}{h_{cool,pp} - h_{cool,in}} \tag{2-10b}$$

式中，h_{11} 是工质在冷凝露点处的比焓；$h_{cool,in}$ 和 $h_{cool,pp}$ 分别是冷却水在冷凝器入口和工质冷凝露点处的比焓。

ORC 系统净输出功的计算式为

$$W_{net} = W_T - W_P - W_{cool} \tag{2-11}$$

ORC 系统效率的计算式为

$$\eta_{sys} = \frac{W_{net}}{Q_{sys}} \tag{2-12}$$

2.2.3　优化参数与优化方法

本研究以 ORC 系统净输出功最大为优化目标。对于单压蒸发循环，选取工质的蒸发压力（$p_{e,SP}$）和蒸发器出口温度（$T_{7,SP}$）作为优化参数，其选取范围如表 2.3 所示。蒸发压力的下限选取为比冷凝压力高 100 kPa（p_{cond}＋100 kPa），既保证了膨胀过程可以实现，又保证了蒸发压力的选取范围足够大；上限选为 90% 的临界压力（$0.9p_c$），以避免工质近临界区物性剧烈变化的影响[76,189,203-205]。蒸发器出口温度的下限需避免工质膨胀过程经过两相区[206]，可根据工质的饱和蒸气线拐点（熵值最大点）温度[7]

和蒸发温度确定,如图 2.3 所示[25]:当蒸发温度低于饱和蒸气线的拐点温度时,透平入口为饱和气态工质即可避免膨胀过程经过两相区;但当蒸发温度高于饱和蒸气线的拐点温度时,工质在透平入口处需为过热蒸气才可避免膨胀过程经过两相区,且最小的过热度可由蒸发压力和饱和蒸气线拐点处的熵值确定[25]。对于双压蒸发循环,选取工质的两级蒸发压力($p_{e,LP}$ 和 $p_{e,HP}$)和高压级蒸发器的出口温度($T_{7,DP}$)作为优化参数,其选取范围如表 2.3 所示;低压级蒸发器的出口温度(T_4)选取为低压级蒸发压力($p_{e,LP}$)所对应的出口温度下限[25,141]。

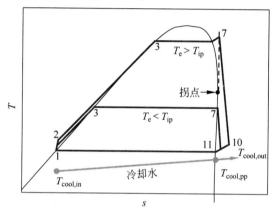

图 2.3　亚临界循环中蒸发器出口温度下限的确定方法

表 2.3　单压蒸发循环和双压蒸发循环的优化参数及其选取范围

循环形式	优化参数	选取范围的下限	选取范围的上限
单压蒸发循环	蒸发压力 $p_{e,SP}$	$p_{cond}+100\ kPa$	$0.9p_c$
	蒸发器出口温度 $T_{7,SP}$	避免膨胀过程经过两相区[25]	$T_{HS,in}-\Delta T_{HAP,pp}$
双压蒸发循环	低压级蒸发压力 $p_{e,LP}$	$p_{cond}+100\ kPa$	$0.9p_c-100\ kPa$
	高压级蒸发压力 $p_{e,HP}$	$p_{e,LP}+100\ kPa$	$0.9p_c$
	高压级蒸发器出口温度 $T_{7,DP}$	避免膨胀过程经过两相区[25]	$T_{HS,in}-\Delta T_{HAP,pp}$

采用 REFPROP 9.1 软件计算流体的热物理性质[186],采用 MATLAB 软件开展 ORC 系统热力性能的计算。给定热源入口温度,双压蒸发 ORC 系统的优化流程如下:

(1) 将两级蒸发压力($p_{e,LP}$ 和 $p_{e,HP}$)和高压级蒸发器的出口温度

（$T_{7,DP}$）在其选取范围内划分为等压力/温度间隔的 50 节（权衡了计算精度和计算速度），每一组 $p_{e,LP}$、$p_{e,HP}$ 和 $T_{7,DP}$ 即为一个计算工况点；

（2）针对每一个计算工况点，计算获得双压蒸发 ORC 系统的吸热量、净输出功和系统效率，其中，无法满足吸热过程夹点温差约束的工况点将被除去；

（3）对比双压蒸发 ORC 系统在不同工况点下的净输出功，从而筛选出在给定热源条件下的最大净输出功和最佳循环参数。

单压蒸发 ORC 系统的优化流程与双压蒸发 ORC 系统类似。

2.2.4 模型验证

本节采用 Manente 等[141]的研究结果对双压蒸发 ORC 系统模型进行验证，如表 2.4 所示。

表 2.4　本书模型与 Manente 等[141]模型的主要计算结果对比

工质 R600a	$T_{HS,in}=100℃$			$T_{HS,in}=150℃$		
	本书	Manente 等[141]	偏差/%	本书	Manente 等[141]	偏差/%
$p_{e,LP\_opt}/MPa$	0.790	0.795	−0.7	1.265	1.250	1.2
$p_{e,HP\_opt}/MPa$	1.175	1.170	0.4	2.545	2.530	0.6
$\Delta T_{sup,LP\_opt}/℃$	0.010	0.010	0.0	0.010	0.010	0.0
$\Delta T_{sup,HP\_opt}/℃$	2.000	2.000	0.0	2.000	2.000	0.0
$T_{HS,out}/℃$	59.400	59.600	−0.2	60.900	60.500	−0.4
$W_{net,max}/kW$	961.000	961.500	−0.1	3868.000	3871.000	−0.1

以 R600a 为工质，基于相同的模型条件和假定，本书和 Manente 等[141]的计算结果的最大相对偏差仅为 1.2%，这主要是由计算步长不同所导致的，而其他计算结果的相对偏差均小于 1%，特别是两者的系统净输出功基本相等。因此，本章建立的双压蒸发 ORC 系统模型是准确、可靠的。而单压蒸发循环是常规的简单亚临界循环，本研究采用的计算模型更为成熟。

2.3　最佳循环参数

对于单压蒸发循环和双压蒸发循环，随热源入口温度升高，不同工质最佳蒸发压力和蒸发器最佳出口温度的变化规律基本相似，本节以 R600a 为例展开详细介绍。

图 2.4 是 R600a 单压蒸发循环在不同热源入口温度下的最佳蒸发压力（p_{e,SP_opt}）和蒸发器最佳出口温度（T_{7,SP_opt}）。随热源入口温度升高，最佳蒸发压力先逐渐增加且增加量也随之增大，直至达到其上限（$0.9p_c$），之后将保持不变。蒸发器出口温度的下限（T_{7,SP_LL}）与蒸发压力——对应，并随热源入口温度升高的变化规律与最佳蒸发压力相同。当热源入口温度低于 172℃时，蒸发器的最佳出口温度等于其下限；而当热源入口温度高于 172℃时，蒸发器的最佳出口温度将高于其下限，并随热源入口温度的升高而增加，说明此时适当地增加蒸发器过热度有利于增加系统的净输出功。对于单压蒸发循环，最佳蒸发压力和蒸发器最佳出口温度随热源入口温度升高的变化原因可参考文献[25]。

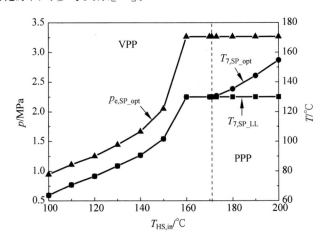

图 2.4   R600a 单压蒸发循环在不同热源入口温度下的
最佳蒸发压力和蒸发器最佳出口温度

此外，当热源入口温度较低时，吸热过程的夹点温差发生在工质的蒸发泡点处（VPP[202]）。但随热源入口温度的升高，吸热过程夹点温差的发生位置将由工质的蒸发泡点处向热源流体的出口处（PPP[202]）移动，如图 2.5 所示。当热源入口温度高于 171℃时，吸热过程的夹点温差发生在热源出口处，此时，热源出口温度主要由蒸发压力决定，即使蒸发压力降低，热源出口温度的下降量也非常少，系统的吸热量基本保持不变。这种情况下，蒸发压力一般已达到其上限，但蒸发器的出口温度可以进一步增加以增大 ORC 系统的效率和净输出功。因此，当吸热过程的夹点温差发生在热源出口处时,蒸发器的最佳出口温度一般会高于其下限。

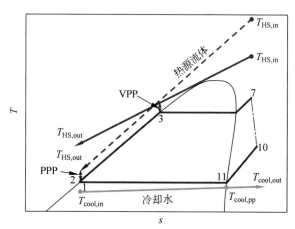

图 2.5　单压蒸发循环中吸热过程夹点温差的发生位置

针对其他工质的研究结果也表明,对于单压蒸发循环,当吸热过程的夹点温差发生在热源出口处时,蒸发器的最佳出口温度一般会高于其下限,如表 2.5 所示。其中,R601 和 R601a 的临界温度足够高,在研究的热源温度范围内,其最佳蒸发压力始终低于其上限,吸热过程的夹点温差也始终发生在工质的蒸发泡点处。因此,R601 和 R601a 最佳循环参数随热源入口温度升高的变化规律,与 R600a 最佳循环参数在 100~160℃ 热源入口温度下的变化规律相同。

表 2.5　对于单压蒸发循环,吸热过程夹点温差发生在热源出口处和蒸发器最佳出口温度高于其下限的热源入口温度区间

工　　质	吸热过程夹点温差发生在热源出口处的热源入口温度/℃	蒸发器最佳出口温度高于其下限的热源入口温度/℃
R227ea	132~200	133~200
R236ea	177~200	178~200
R245fa	192~200	193~200
R600	191~200	192~200
R600a	172~200	173~200
R601	—	—
R601a	—	—
R1234yf	132~200	133~200
R1234ze(E)	150~200	151~200

图 2.6 是 R600a 双压蒸发循环在不同热源入口温度下的最佳蒸发压力。高压级的最佳蒸发压力（p_{e,HP_opt}）也随热源入口温度的升高而增加，且增加量逐渐增大，达到其上限后保持不变，而低压级的最佳蒸发压力（p_{e,LP_opt}）先增加后减小直至达到其下限，之后保持不变。低压级最佳蒸发压力的减小是为了降低热源出口温度，以增加系统吸热量。此外，相对单压蒸发循环的最佳蒸发压力，低压级的最佳蒸发压力始终更低，而当热源入口温度低于 160℃ 时，高压级的最佳蒸发压力会更高。

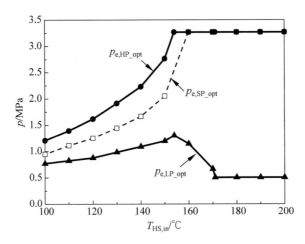

图 2.6　R600a 双压蒸发循环在不同热源入口温度下的最佳蒸发压力

图 2.7 是 R600a 双压蒸发循环在不同热源温度下的蒸发器最佳出口温度。当热源入口温度低于 172℃ 时，高压级蒸发器的最佳出口温度（T_{7,DP_opt}）等于其最佳蒸发压力所对应的下限（T_{7,DP_LL}），而当热源入口温度高于 172℃ 时，高压级蒸发器的最佳出口温度高于其下限，并且两者的差值随热源入口温度的升高而增加，说明此时增加蒸发器的过热度有利于增大系统的净输出功。此外，当热源入口温度低于 160℃ 时，高压级蒸发器的最佳出口温度高于单压蒸发循环的蒸发器最佳出口温度，而当热源入口温度高于 160℃ 时，高压级蒸发器的最佳出口温度基本等于（略大于）单压蒸发循环的蒸发器最佳出口温度，这个对比结果是由最佳蒸发压力的对比结果导致的。另一方面，因为低压级蒸发器的出口温度（T_4）等于低压级最佳蒸发压力所对应的下限，所以它随热源入口温度升高的变化规律与低压级最佳蒸发压力相似。此外，低压级蒸发器的出口温度也始终低于单压蒸发循环的蒸发器最佳出口温度，且下降量随热源入口温度的升高而增大。研

究结果表明,对于双压蒸发循环,当低压级最佳蒸发压力等于其下限时,高压级蒸发器的最佳出口温度也一般高于其下限,并会随热源入口温度的升高而增加。原因在于,当低压级蒸发压力达到其下限时,系统吸热量无法再增加,而高压级的最佳蒸发压力也一般达到了上限。因此,只有增加高压级蒸发器的出口温度(增大过热度)才能提高系统效率,进而增大净输出功。

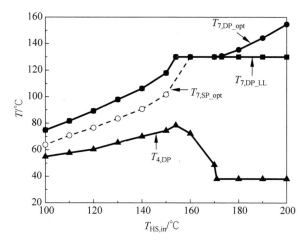

图 2.7　R600a 双压蒸发循环在不同热源温度下的蒸发器最佳出口温度

　　总体而言,对于单压蒸发循环:当热源入口温度较低时,吸热过程的夹点温差发生在工质的蒸发泡点处,最佳蒸发压力随热源入口温度的升高而增大直至达到其上限,此时采用最小的过热度有利于获得最大的净输出功。但当热源入口温度较高时,吸热过程的夹点温差将发生在热源出口处,最佳蒸发压力一般等于其上限,此时适当增加过热度有利于获得最大的净输出功。对于双压蒸发循环:随热源入口温度升高,高压级最佳蒸发压力逐渐增加直至达到其上限,而低压级最佳蒸发压力先增加后减小直至达到其下限,并且当低压级最佳蒸发压力等于其下限时,为获得最大的净输出功需要适当地增加过热度。

2.4　热力性能的对比分析

　　本节以 R600a 为例介绍单压蒸发循环和双压蒸发循环在不同热源入口温度下的热力性能。对于其余 8 种纯工质,系统热力性能随热源入口温度升高的变化规律与 R600a 基本相同。

图 2.8 是 R600a 单压蒸发循环和双压蒸发循环在最佳工况下的系统效率。循环的冷凝温度一定,系统效率一般随蒸发压力和蒸发器出口温度的升高而增加。当热源入口温度低于 160℃时,单压蒸发循环的系统效率随热源入口温度的升高而增加,且增加量逐渐增大;当热源入口温度为160～172℃时,单压蒸发循环的系统效率保持不变,原因在于,其最佳蒸发压力和蒸发器最佳出口温度均保持不变,而当热源入口温度高于 172℃时,蒸发器的最佳出口温度逐渐续升高,因此单压蒸发循环的系统效率随热源入口温度的升高而继续增加。

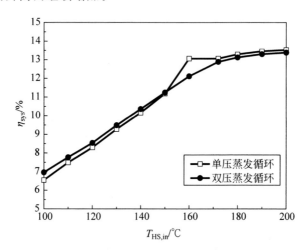

图 2.8 R600a 单压蒸发循环和双压蒸发循环在最佳工况下的系统效率

对于双压蒸发循环,当热源入口温度由 100℃升高到 200℃时,系统效率由 7.0％增加到 13.4％,但其增加量逐渐减小。其中,当热源入口温度为154～171℃时,随热源入口温度升高,低压级的最佳蒸发压力逐渐减小,而高压级的最佳蒸发压力和蒸发器最佳出口温度不变,系统效率反而增加的原因在于,高压级的工质流量逐渐增加,而低压级的工质流量显著减小,高压级部分对系统整体性能的影响逐渐增强,由于高压级的最佳蒸发压力明显更大,从而导致系统效率反而随热源入口温度的升高而增加。此外,相对单压蒸发循环,当热源入口温度低于 150℃时,双压蒸发循环的系统效率更高,但当热源入口温度为 150～172℃时,双压蒸发循环的系统效率明显更低。虽然在双压蒸发循环中,高压级的最佳蒸发压力和蒸发器最佳出口温度与单压蒸发循环的最佳循环参数基本相等,但其低压级的最佳蒸发压力显著低于单压蒸发循环的最佳蒸发压力,从而导致其系统效率更低。当热源入口温度高于 172℃时,在双压蒸发循环中,低压级的最佳蒸发压力仍显著低于单压蒸发循环的最佳蒸发压力,但低压级的吸热量和输出功相比双压蒸发循环的总吸热量和总输出功是较小的,对系统效率的影响相对较弱。因此,双压蒸发循环的系统效率略低于单压蒸发循环,相对下降量不超过 1.5%。

图 2.9 是 R600a 单压蒸发循环和双压蒸发循环在最佳工况下的热源出口温度。热源入口温度一定时,系统吸热量随热源出口温度的降低而增加。对于单压蒸发循环,当热源入口温度低于 160℃时,吸热过程的夹点温差发生在工质的蒸发泡点处,且最佳蒸发压力随热源入口温度的升高而增加,如图 2.4 所示。尽管热源流体的放热曲线斜率一般随热源入口温度的升高而增加,有利于降低热源出口温度,但最佳蒸发压力升高对热源出口温度的影响相对更强,因此,随热源入口温度升高,单压蒸发循环的热源出口温度逐渐升高。而当热源入口温度为 160～171℃时,吸热过程的夹点温差仍发生在工质的蒸发泡点处,但最佳的蒸发压力和蒸发器出口温度保持不变,因此,单压蒸发循环的热源出口温度随热源入口温度的升高呈线性下降。当热源入口温度高于 171℃时,吸热过程的夹点温差发生在热源出口处,且最佳蒸发压力保持不变,因此,单压蒸发循环的热源出口温度也保持为 37.2℃。

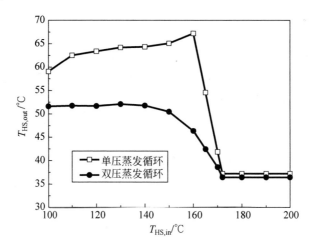

图 2.9　R600a 单压蒸发循环和双压蒸发循环在最佳工况下的热源出口温度

对于双压蒸发循环,由于共同预热过程(2→3 过程)的存在,热源出口温度主要取决于低压级蒸发压力和工质的总流量($\dot{m}_{O,HP}+\dot{m}_{O,LP}$)。低压级蒸发压力决定了热源流体在预热器入口处的温度,但对工质总流量的影响相对较弱,热源流体在预热器入口处的温度随低压级蒸发压力的增加而升高,从而会促使热源出口温度升高。而工质总流量决定了热源流体放热曲线在共同预热过程中的斜率,热源流体放热曲线在共同预热过程中的斜率一般随工质总流量的增加而增大,从而促使热源出口温度降低。当热源入口温度低于130℃时,低压级最佳蒸发压力和工质总流量均随热源入口温度的升高而增加,进而导致热源出口温度随之增加,但增加量逐渐减小。当热源入口温度为130～154℃时,随热源入口温度升高,低压级最佳蒸发压力增加,而工质总流量也增加且对热源出口温度的影响更加显著,进而导致热源出口温度逐渐降低。当热源入口温度为154～171℃时,随热源入口温度升高,低压级最佳蒸发压力降低且下降量逐渐增大,而工质总流量增加且增加量逐渐增大,因此,热源出口温度随热源入口温度的升高而降低。综上所述,当热源入口温度为130～171℃时,随热源入口温度升高,热源出口温度降低且下降量逐渐增大,由52.1℃降至36.4℃。当热源入口温度高于171℃时,低压级最佳蒸发压力和工质总流量保持不变,因此热源出口温度保持为36.4℃,但工质与热源流体在热源出口处的换热温差仍高于夹点温差。

此外,当热源入口温度为100～171℃时,单压蒸发循环中的吸热过程的夹点温差发生在工质的蒸发泡点处,双压蒸发循环的热源出口温度显著低于单压蒸发循环,其系统吸热量最多可相对增加22.6%。当热源入口温度高于171℃时,单压蒸发循环中的吸热过程的夹点温差发生在热源出口处,虽然低压级的最佳蒸发压力明显低于单压蒸发循环,但双压蒸发循环的热源出口温度仅比单压蒸发循环低0.8℃,系统吸热量也仅增加0.5%。

图2.10是R600a单压蒸发循环和双压蒸发循环的最大净输出功,净输出功的变化规律由系统效率和吸热量共同决定。对于单压蒸发循环,当热源入口温度为100～171℃时,随热源入口温度升高,最大净输出功逐渐增加且增加量逐渐增大,由11.3 kW增加到72.9 kW。当热源入口温度高于171℃时,随热源入口温度升高,单压蒸发循环的最大净输出功呈线性增加趋势,当热源入口温度为200℃时,最大净输出功达94.0 kW。对于双压蒸发循环,最大净输出功随热源入口温度升高的变化规律与单压蒸发循环相似,由14.3 kW增加到93.4 kW。

基于相同的热源入口温度,若双压蒸发循环的净输出功高于单压蒸发循环,则其系统效率更高或热源出口温度更低(吸热量更大)。当热源入口温度为100～171℃时,双压蒸发循环的最大净输出功高于单压蒸发循环,

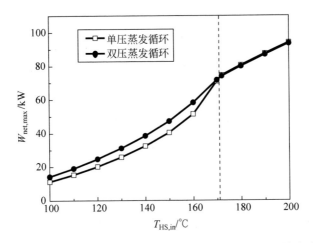

图 2.10 R600a 单压蒸发循环和双压蒸发循环的最大净输出功

且相对增加量随热源入口温度的降低而增大,最大的相对增加量达 25.6%。当热源入口温度高于 171℃时,两种循环在理论上的最大净输出功应相等,单压蒸发循环可看作双压蒸发循环的一种特殊形式,即低压级蒸发压力与冷凝压力相等的特殊情况。但由于优化中限制低压级蒸发压力的下限比冷凝压力高 100 kPa,以保证低压级的膨胀过程可以实现,从而导致双压蒸发循环的最大净输出功略低于单压蒸发循环,但相对下降量小于 0.7%。

2.5 工质物性对最佳循环的影响

2.5.1 最佳循环

对于 9 种纯工质,相对单压蒸发循环,双压蒸发循环净输出功更高的热源入口温度区间及其最大的增加量 $[(W_{net,DP} - W_{net,SP})/W_{net,SP}]_{max}$ 如表 2.6 所示。

表 2.6 相对单压蒸发循环,双压蒸发循环净输出功更高的热源入口温度区间及其最大的增加量

工 质	热源入口温度区间/℃	最大的相对增加量/%
R227ea	100~131	21.4
R236ea	100~175	25.1
R245fa	100~191	26.3

续表

工　　　质	热源入口温度区间/℃	最大的相对增加量/%
R600	100～189	26.4
R600a	100～171	25.6
R601	100～200	26.7
R601a	100～200	26.5
R1234yf	100～131	21.8
R1234ze(E)	100～149	24.3

对于 9 种纯工质,随热源入口温度降低,双压蒸发循环的净输出功增量均增大,最多可相对单压蒸发循环增加 21.4%～26.7%。

研究结果还表明,当单压蒸发循环中的吸热过程夹点温差发生在工质的蒸发泡点处时,双压蒸发循环可以获得比单压蒸发循环更大的净输出功。原因在于:对于单压蒸发循环,当吸热过程夹点温差发生在热源出口处时,其最佳蒸发压力等于上限,尽管在双压蒸发循环中,低压级的最佳蒸发压力显著低于单压蒸发循环,但双压蒸发循环的热源出口温度仅比单压蒸发循环低 0.8℃,系统吸热量的增加幅度较小。此外,在双压蒸发循环中,高压级的最佳蒸发压力和蒸发器出口温度与单压蒸发循环的最佳循环参数基本相等,但较低的低压级最佳蒸发压力会导致双压蒸发循环的系统效率下降,如图 2.8 所示;且系统效率的降低对系统净输出功有较大的影响。因此,当单压蒸发循环中的吸热过程夹点温差发生在热源出口处时,双压蒸发循环的最大净输出功略低于单压蒸发循环,不再具有热力性能优势,只有当单压蒸发循环中的吸热过程夹点温差发生在工质的蒸发泡点处时,双压蒸发循环才能具有更大的净输出功。

此外,双压蒸发循环适用的热源入口温度范围(净输出功高于单压蒸发循环)及其净输出功的最大相对增加量一般随工质临界温度的升高而增大。双压蒸发循环的适用热源入口温度上限 $T_{\text{HS,in\_TP}}$(℃)与工质的临界温度存在正相关的线性关系:

$$T_{\text{HS,in\_TP}} = 1.0416T_{\text{c}} + 30.629 \tag{2-13}$$

如图 2.11 所示,式(2-13)既可用于确定工质在不同热源入口温度下的最佳循环形式(单压蒸发循环或双压蒸发循环),又可用于预测单压蒸发循环中吸热过程夹点温差的发生位置:给定一种工质,当热源入口温度低于 $T_{\text{HS,in\_TP}}$ 时,双压蒸发循环的最大净输出功将高于单压蒸发循环,且单压蒸发循环中吸热过程的夹点温差将发生在工质的蒸发泡点处;但当热源入

口温度高于 T_{HS,in_TP} 时,双压蒸发循环将不再具有热力性能优势,所以此时并不适用,且单压蒸发循环中吸热过程的夹点温差将发生在热源出口处。

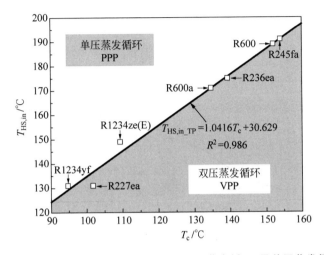

图 2.11　最佳循环形式(单压蒸发循环或双压蒸发循环)及单压蒸发循环中吸热过程夹点温差发生位置的判据

当热源入口温度略低于 T_{HS,in_TP} 时,单压蒸发循环和双压蒸发循环的系统效率差异极小,热源出口温度对两种循环的净输出功的大小有更显著的影响。由于工质在工质泵加压过程中的温升较低,因而工质的预热过程吸热曲线与其饱和液相线基本重合,因此,工质饱和液相线形状对热源出口温度有显著影响,而 9 种纯工质的饱和液相线形状相似,这是导致 T_{HS,in_TP} 与工质的临界温度存在良好线性关系的主要原因。式(2-13)的预测结果与实际结果的绝对偏差小于 6℃(R227ea),相对偏差小于 5%。考虑到实际热源入口温度波动的影响,以及实际 ORC 系统运行中控制参数调节精度的约束,式(2-13)的预测精度在实际工程中是可接受的。

单压蒸发循环和双压蒸发循环在 100～200℃ 热源温度下的最大净输出功及最佳工质分别如图 2.12(a)和图 2.12(b)所示,其中,两条竖直虚线间的工质即为 ORC 系统在此热源入口温度区间内的最佳工质。最佳工质的临界温度一般随热源入口温度的增加而升高。但对于单压蒸发循环,当热源入口温度低于 115℃ 时,R227ea 的最大净输出功反而高于 R1234yf,这是因为在相同的热源入口温度下,虽然两者的系统效率基本相等,但 R227ea 的最佳蒸发压力低于 R1234yf,使得其热源出口温度更低,系统吸热量更大。

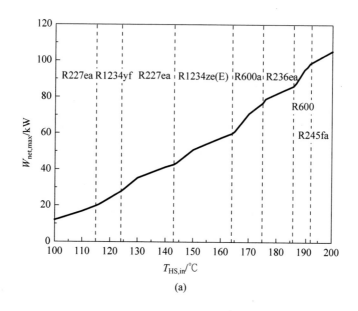

(a)

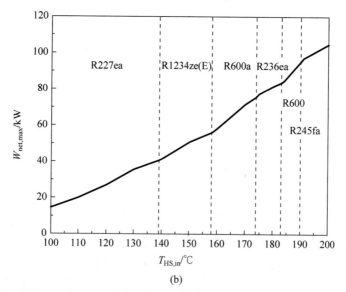

(b)

图 2.12　ORC 系统在 100～200℃ 热源温度下的最大净输出功及最佳工质

（a）单压蒸发循环；（b）双压蒸发循环；（c）最佳循环形式（实线：双压蒸发循环；虚线：单压蒸发循环）

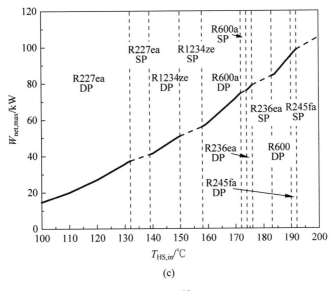

图 2.12（续）

　　相比于单压蒸发循环，工质在双压蒸发循环中的适用热源入口温度会有所下降。例如，R600a 在单压蒸发循环和双压蒸发循环中的适用热源入口温度范围分别为 164～175℃ 和 158～174℃。这是因为，双压蒸发循环的适用热源入口温度上限随工质临界温度的增加而升高，且净输出功的相对增加量随 $T_{HS,in\_TP} - T_{HS,in}$ 的值的增加而增大。因此，给定热源入口温度，工质的临界温度越高，其双压蒸发循环的净输出功相对增加量越大，使得它在双压蒸发循环中的适用范围向更低的热源入口温度处移动。

　　对于无出口温度限制的 100～200℃ 热源，ORC 系统的最佳循环形式、工质及可获得的最大净输出功如图 2.12(c) 所示。总体而言，单位流量（kg/s）热源流体可获得的最大净输出功为 14.6～105.5 kW，且双压蒸发循环最佳的热源入口温度范围更宽，占比达 68%。

2.5.2　不同的夹点温差

　　热源入口温度一定时，随吸热过程的夹点温差增加，单压蒸发循环和双压蒸发循环的最佳循环参数和系统效率均降低，而热源出口温度升高。相对单压蒸发循环，吸热过程夹点温差和工质定压吸热特性对双压蒸发循环的约束较弱。因此，随吸热过程夹点温差增大，双压蒸发循环的系统效率下降量和热源出口温度增加量均更小。以 10℃ 的吸热过程夹点温差为例，R600a 单压蒸发循环和双压蒸发循环在最佳工况下的系统效率和热源出口温度如图 2.13 所示。

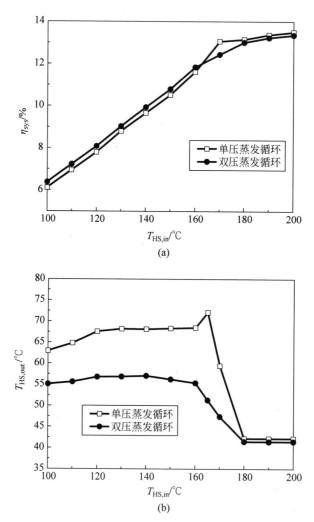

(a)

(b)

图 2.13　当吸热过程夹点温差为 10℃ 时，R600a 单压蒸发循环和双压蒸发循环在最佳工况下的系统效率和热源出口温度

(a) 系统效率；(b) 热源出口温度

相对 5℃ 吸热过程夹点温差的计算结果（见图 2.8 和图 2.9），双压蒸发循环的系统效率更高和热源出口温度更低（下降量超过 1℃）的热源入口温度范围均显著增加。当热源入口温度一定时,双压蒸发循环相对单压蒸发循环的净输出功增加量也会随吸热过程夹点温差的增加而增大。例如,对于 100℃热源驱动的 R600a 单压蒸发 ORC 系统和双压蒸发 ORC 系统,当吸热过程夹点温差为 5℃、10℃和 15℃时,双压蒸发循环相对单压蒸发循环的净输出功增加量分别为 25.6%、26.4%和 27.0%。

双压蒸发循环的适用热源入口温度上限(T_{HS,in_TP})也会随吸热过程夹点温差的增加而升高,且 T_{HS,in_TP} 的增加量与吸热过程夹点温差的增加量基本相等。因此,考虑吸热过程夹点温差的影响,T_{HS,in_TP}(℃)与工质临界温度的关联式可进一步修正为

$$T_{HS,in\_TP} = 1.0416T_c + \Delta T_{HAP,pp} + 25.629 \qquad (2\text{-}14)$$

式(2-14)的预测结果与实际结果的最大相对偏差小于 5%,预测精度在实际工程中可以接受。

2.5.3　不同的热源流体种类

为分析热源流体种类对单压蒸发循环和双压蒸发循环的最佳循环参数及其热力性能的影响,本节选取 100～200℃的热空气作为热源流体,且出口温度无特殊限制,热空气的压力选取为 101 kPa,其余的模型参数均与2.2 节相同。热水和热空气在不同热源入口温度下的释热特性如图 2.14所示,其中,η_{HS} 是热源流体实际比焓降与其参考比焓降(热源出口温度降

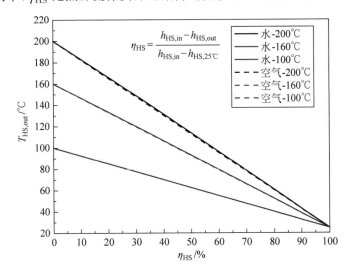

图 2.14　热水和热空气在不同热源入口温度下的释热特性(见文前彩图)

至 25℃时)的比值,表征热源热量的利用率。尽管热水和热空气的比热容存在显著差异,但基于相同的热源入口温度,两者达到相同 η_{HS} 时的热源出口温度基本相等。此外,热水与热空气的热源出口温度差值通常随热源入口温度的降低而减小,当热源入口温度为 200℃时,获得相同 η_{HS} 的热源出口温度差值也不超过 1.1℃。

ORC 系统净输出功的计算式可转换为

$$
\begin{aligned}
W_{net} &= Q_{sys} \eta_{sys} \\
&= \dot{m}_{HS} (h_{HS,in} - h_{HS,25℃}) \frac{h_{HS,in} - h_{HS,out}}{h_{HS,in} - h_{HS,25℃}} \eta_{sys} \\
&= Q_{25℃} \eta_{HS} \eta_{sys}
\end{aligned}
\tag{2-15}
$$

式中,$Q_{25℃}$ 表示热源流体温度降到 25℃时的总放热量。在本书中,给定热源流体种类及其入口温度,$Q_{25℃}$ 即为定值,因此,使 $\eta_{HS} \eta_{sys}$ 达到最大的循环参数便可使系统净输出功达到最大,即为最佳循环参数。研究结果表明,给定蒸发压力和蒸发器出口温度,在相同的热源入口温度下,热水和热空气的热源出口温度几乎相等,意味着热水和热空气的 η_{HS} 也几乎相等,因此,蒸发压力和蒸发器出口温度对热水和热空气 η_{HS} 的影响基本相同。此外,对于纯工质 ORC 系统,冷却系统耗功与系统输出功相比相对较小,对系统效率的影响较弱。因此,当循环冷凝温度给定时,系统效率 η_{HS} 主要由蒸发压力和蒸发器出口温度决定,与热源流体种类的关联性较弱。综上所述,对于相同温度的热水和热空气,蒸发压力和蒸发器出口温度对系统净输出功的影响规律基本相同。

研究结果表明,对于热水和热空气,随热源入口温度升高,ORC 系统的最佳循环参数、系统效率、热源出口温度及系统净输出功的变化规律基本相同。因此,对于无特殊出口温度限制的 100~200℃热空气,式(2-14)仍可用于评估工质的最佳循环形式和单压蒸发循环中吸热过程夹点温差的发生位置。

2.6　㶲性能分析

2.6.1　分析模型

为进一步评估双压蒸发循环的热力学完善度,并揭示其㶲损分布特征,本节针对最佳工况下的单压蒸发循环和双压蒸发循环开展㶲分析,环

境温度选取为 20℃[141,180,201,207-208]。由于热源出口温度无特殊限制,因此,热源提供的总㶲为

$$Ex_{HS} = \dot{m}_{HS}[(h_{HS,in} - h_{HS,0}) - T_0(s_{HS,in} - s_{HS,0})] \qquad (2\text{-}16)$$

式中,$h_{HS,0}$ 和 $s_{HS,0}$ 分别表示热源流体在环境温度下的比焓和比熵。

对于双压蒸发循环,高压级蒸发器的换热㶲损为

$$I_{e,HP} = \dot{m}_{O,HP} T_0(s_7 - s_5) - \dot{m}_{HS} T_0(s_{HS,in} - s_{HS,1}) \qquad (2\text{-}17)$$

低压级蒸发器的换热㶲损为

$$I_{e,LP} = \dot{m}_{O,LP} T_0(s_4 - s_3) - \dot{m}_{HS} T_0(s_{HS,1} - s_{HS,2}) \qquad (2\text{-}18)$$

预热器的换热㶲损为

$$I_{preh,DP} = (\dot{m}_{O,HP} + \dot{m}_{O,LP}) T_0(s_3 - s_2) -$$
$$\dot{m}_{HS} T_0(s_{HS,2} - s_{HS,out}) \qquad (2\text{-}19)$$

当热源出口温度高于环境温度时,热源未利用导致的㶲损为

$$I_{loss,DP} = \dot{m}_{HS}[(h_{HS,out} - h_{HS,0}) - T_0(s_{HS,out} - s_{HS,0})] \qquad (2\text{-}20)$$

吸热过程的总㶲损为

$$I_{HAP,DP} = I_{e,HP} + I_{e,LP} + I_{preh,DP} + I_{loss,DP} \qquad (2\text{-}21)$$

膨胀过程的总㶲损为

$$I_{T,DP} = \dot{m}_{O,HP} T_0(s_{10} - s_7) + \dot{m}_{O,LP} T_0(s_{10} - s_4) \qquad (2\text{-}22)$$

放热过程包括过热降温过程(10→11 过程)和冷凝过程(11→1 过程),其总㶲损为

$$I_{HRP,DP} = (\dot{m}_{O,HP} + \dot{m}_{O,LP})[(h_{10} - h_1) - T_0(s_{10} - s_1)] \qquad (2\text{-}23)$$

压缩过程的总㶲损为

$$I_{P,DP} = \dot{m}_{O,HP} T_0(s_5 - s_3) + (\dot{m}_{O,HP} + \dot{m}_{O,LP}) T_0(s_2 - s_1) \qquad (2\text{-}24)$$

双压蒸发循环的总㶲损为

$$I_{total,DP} = I_{HAP,DP} + I_{T,DP} + I_{HRP,DP} + I_{P,DP} \qquad (2\text{-}25)$$

双压蒸发循环的㶲效率定义为

$$\eta_{ex,DP} = \frac{W_{T,DP} - W_{P,DP}}{Ex_{HS}} = \eta_{ex,ext\_DP} \eta_{ex,int\_DP} \qquad (2\text{-}26)$$

式中,$W_{T,DP}$ 和 $W_{P,DP}$ 分别表示透平的总输出功和工质泵的总耗功;而 η_{ex,ext_DP} 和 η_{ex,int_DP} 分别表示双压蒸发循环的外部㶲效率和内部㶲效率。

外部㶲效率是循环吸收的总㶲与热源提供总㶲的比值,可定量评估循环吸热过程的热力学完善程度,其定义式为[76,208]

$$\eta_{ex,ext} = \frac{Ex_{in}}{Ex_{HS}} \qquad (2\text{-}27)$$

式中，Ex_{in} 表示循环从热源处吸收的总㶲。对于双压蒸发循环，其计算式为

$$
\begin{aligned}
Ex_{in} = {} & \dot{m}_{O,HP}\big[(h_7 - h_5) - T_0(s_7 - s_5)\big] + \\
& \dot{m}_{O,LP}\big[(h_4 - h_3) - T_0(s_4 - s_3)\big] + \\
& (\dot{m}_{O,HP} + \dot{m}_{O,LP})\big[(h_3 - h_2) - T_0(s_3 - s_2)\big]
\end{aligned} \tag{2-28}
$$

内部㶲效率是循环净输出功与其吸收总㶲的比值，可定量评估循环内部的热力学完善程度，其定义式为[76,208]

$$
\eta_{ex,int} = \frac{W_T - W_P}{Ex_{in}} \tag{2-29}
$$

单压蒸发循环中各热力过程㶲损及㶲效率的计算模型与双压蒸发循环相似。

2.6.2 吸热过程㶲损

随热源入口温度升高，单压蒸发循环和双压蒸发循环中吸热过程㶲损及其热力学完善度的变化规律与工质临界温度密切相关，根据变化特点可将 9 种纯工质划分为三类：Ⅰ 类工质（R1234yf 和 R227ea）、Ⅱ 类工质（R1234ze(E)、R600a、R236ea、R600 和 R245fa）和 Ⅲ 类工质（R601a 和 R601）。

单压蒸发循环和双压蒸发循环的吸热过程㶲损如图 2.15 所示。对于 Ⅰ 类工质，以 R227ea 为例，如图 2.15(a)所示：当热源入口温度低于 130℃ 和高于 150℃ 时，双压蒸发循环的吸热过程㶲损明显小于单压蒸发循环；但当热源入口温度为 130～150℃ 时，双压蒸发循环的吸热过程㶲损反而略高，原因在于，研究中限定低压级蒸发压力的下限比冷凝压力高 100 kPa。此外，当热源入口温度高于 150℃ 时，两种循环的热源出口温度基本相同，但双压蒸发循环高压级的过热度明显更大，且增加量随热源入口温度的升高而增大，使得热源流体与工质间的换热温差更小，显著减少了吸热过程㶲损，且热源入口温度越高，吸热过程的㶲损减少量就越大，这也是双压蒸发循环的吸热过程㶲损反而更小的原因。对于 Ⅱ 类工质，以 R600a 为例，如图 2.15(b)所示：相对单压蒸发循环，当热源入口温度低于 170℃ 时，双压蒸发循环可显著减少吸热过程㶲损；而当热源入口温度高于 170℃ 时，双压蒸发循环的吸热过程㶲损略高。对于 Ⅲ 类工质，随热源入口温度升高，两种循环的吸热过程㶲损均先增加后减小，与图 2.15(b)中热源入口温

度低于 160℃时的变化规律相似,且双压蒸发循环的吸热过程㶲损显著低
于单压蒸发循环。

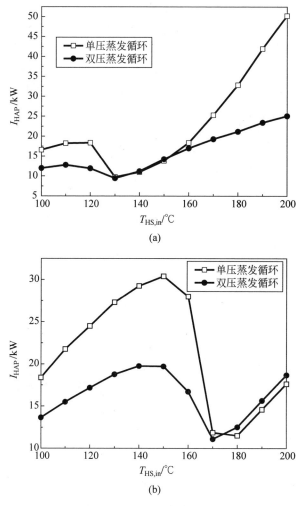

图 2.15 单压蒸发循环和双压蒸发循环的吸热过程㶲损

(a) R277ea；(b) R600a

单压蒸发循环和双压蒸发循环的外部㶲效率如图 2.16 所示。对于 I
类工质,以 R227ea 为例,如图 2.16(a)所示。对于单压蒸发循环,当热源入
口温度高于 130℃时,吸热过程的夹点温差出现在热源出口处,热源的未利
用㶲损保持不变。随热源入口温度升高,工质的最佳蒸发压力不变,蒸发

器的最佳过热度增加但增加量逐渐减小至接近不变,热源流体与工质间的换热温差逐渐增大,换热㶲损增多,导致循环的外部㶲效率逐渐降低。而对于双压蒸发循环,当热源入口温度高于170℃时,热源的未利用㶲损也基本保持不变,但随热源入口温度升高,高压级蒸发器的最佳过热度开始接近线性增加,有效减少了热源流体与工质间的换热㶲损,使得循环的外部㶲效率逐渐增加。此外,相对单压蒸发循环,当热源入口温度低于130℃和高于150℃时,双压蒸发循环的外部㶲效率明显更高,其中,当热源入口温度为

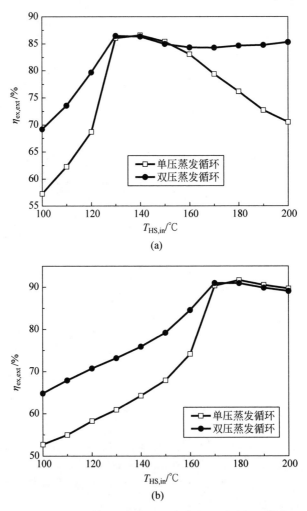

图 2.16 单压蒸发循环和双压蒸发循环的外部㶲效率
(a) R227ea;(b) R600a

100℃和 200℃时,双压蒸发循环外部㶲效率的绝对增加量分别为 11.9% 和 14.8%,但当热源入口温度为 130～150℃时,双压蒸发循环的外部㶲效率略低。

对于Ⅱ类工质,以 R600a 为例,如图 2.16(b)所示。随热源入口温度升高,两种循环的外部㶲效率均先增加且增加量逐渐增大,随后逐渐减小,其中,外部㶲效率减小的原因与Ⅰ类工质相似。当热源入口温度低于 170℃时,双压蒸发循环的外部㶲效率明显高于单压蒸发循环,其绝对增加量为 0.6%～12.9%,说明采用双压蒸发循环可显著改善吸热过程的温度匹配程度。

对于Ⅲ类工质,随热源入口温度升高,两种循环的外部㶲效率均逐渐增加,且双压蒸发循环的外部㶲效率明显高于单压蒸发循环,R601a 和 R601 的绝对增加量分别为 7.5%～14.8% 和 8.5%～14.6%,但增加量一般随热源入口温度的升高而减小。此外,对于 9 种纯工质,双压蒸发循环的外部㶲效率仍然较低,说明循环吸热过程的热力学完善度仍存在进一步提升的空间,且热源入口温度越低,循环外部㶲效率的提升空间一般也越大。

2.6.3　循环㶲效率

对于 9 种纯工质,单压蒸发循环和双压蒸发循环的㶲效率随热源入口温度升高的变化规律相似,本节以Ⅱ类工质 R600a 为例展开详细介绍。如图 2.17 所示,当热源入口温度低于 170℃时,随热源入口温度升高,双压蒸发循环的㶲效率由 38.5% 增至 60.0%,但当热源入口温度高于 170℃时,双压蒸发循环的㶲效率随热源入口温度的升高而降低,降至 56.0%。对于

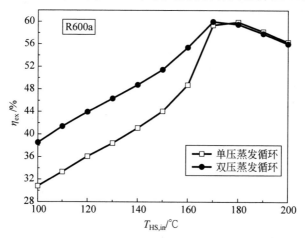

图 2.17　单压蒸发循环和双压蒸发循环的㶲效率

单压蒸发循环,㶲效率随热源入口温度升高的变化规律与双压蒸发循环相似。相对单压蒸发循环,当热源入口温度低于170℃时,双压蒸发循环的㶲效率更高,绝对增加量达0.6%～8.0%,且增加量一般随热源入口温度的降低而增大;当热源入口温度高于170℃时,双压蒸发循环的㶲效率与单压蒸发循环基本相等。另外,随热源入口温度升高,循环㶲效率的变化规律与外部㶲效率的变化规律相似,但数值明显低于外部㶲效率,因为膨胀、放热和压缩过程的㶲损使循环内部㶲效率明显低于100%。

此外,当热源入口温度低于170℃时,相对于单压蒸发循环,双压蒸发循环显著减少了吸热过程㶲损,降低了热源出口温度,从热源吸收的热量更多,使其工质流量更大。对于单压蒸发循环和双压蒸发循环,虽然透平和工质泵的内效率相等,但双压蒸发循环的工质流量更大,导致其膨胀和压缩过程的㶲损略多。单压蒸发循环和双压蒸发循环的冷凝压力相同,双压蒸发循环更大的工质流量,导致其放热过程的㶲损也相对更多,此外,高压级蒸发器的最佳出口温度高于单压蒸发循环的蒸发器最佳出口温度,使得双压蒸发循环中的工质在冷凝器入口处的温度更高,这也是导致双压蒸发循环的放热过程㶲损更多的重要原因。然而,对于双压蒸发循环,吸热过程的㶲损减少量显著高于其他热力过程的㶲损总增加量,因此,双压蒸发循环的㶲效率更高。

对于Ⅰ类工质,虽然当热源入口温度较高时,双压蒸发循环可显著减少吸热过程㶲损,提高循环的外部㶲效率,但高压级蒸发器的最佳过热度较大,导致过热降温过程的㶲损较多,循环的内部㶲效率随热源入口温度的升高而降低且影响显著,进而导致循环㶲效率随热源入口温度的升高而降低。对于Ⅲ类工质,双压蒸发循环的㶲效率高于单压蒸发循环,且两种循环的㶲效率均会随热源入口温度的升高而增大,与图2.17中热源入口温度低于170℃的情况相似。此外,工质临界温度越高,采用双压蒸发循环有效提高㶲效率的热源入口温度范围越大,且当单压蒸发循环的㶲效率随热源入口温度的升高而增加时,采用双压蒸发循环一般可有效提升热力学完善度。

2.6.4　双压蒸发循环的㶲损分布

首先,本节以Ⅱ类工质R600a为例介绍双压蒸发循环的㶲损分布特征,如图2.18所示。当热源入口温度低于160℃时,双压蒸发循环中㶲损由多到少的热力过程依次为吸热、放热、膨胀和压缩过程。尽管双压蒸发循环显著减少了吸热过程㶲损,但吸热过程的㶲损占比仍然是最高的,占循环总㶲损的 35.0%～57.2%,这说明在双压蒸发循环中,吸热过程的温度匹配程度仍有待进一步改善。随热源入口温度升高,吸热过程的㶲损占比逐渐减小,其中热源未利用㶲损的占比下降尤为显著,这是由热源出口温度显著降低所导致的。当热源入口温度为 160～180℃时,膨胀过程的㶲损最多,占循环总㶲损的 31.3%～37.7%,且㶲损由多到少的热力过程依次为膨胀、放热、吸热和压缩过程。当热源入口温度高于 180℃时,放热过程的㶲损最多,占循环总㶲损的 37.5%～43.4%,且㶲损由多到少的热力过程依次为放热、膨胀、吸热和压缩过程。总体而言,随热源入口温度升高,双压蒸发循环的㶲损分布特征将发生显著变化,限制热功转换效率提高的关键热力过程将有所不同。此外,当热源入口温度高于 170℃时,单压蒸发循环的㶲损分布特征与双压蒸发循环基本相同,单压蒸发循环的吸热过程已达到较好的温度匹配程度,其㶲损占比仅为 20.8%～23.8%,而外部㶲效率高达 89.7%～91.6%,这也是采用双压蒸发循环无法进一步提高 ORC 系统热功转换效率的重要原因。

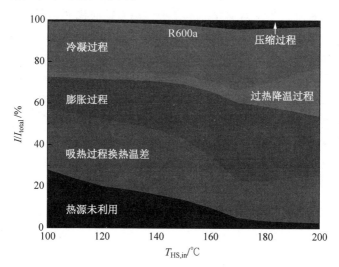

图 2.18　双压蒸发循环的㶲损分布特征(见文前彩图)

对于Ⅰ类工质,当热源入口温度较高时,双压蒸发循环的放热过程㶲损最多,显著高于其他热力过程。这主要是因为高压级蒸发器的最佳过热度较大,导致过热降温过程的㶲损较多。例如,对于 R227ea 双压蒸发循环,当热源入口温度为 180～200℃时,过热降温过程的㶲损占比高达

41.8%～51.4%。这说明对于双压蒸发循环,当高压级蒸发器的过热度较大时,减少过热降温过程的㶲损对于提升热功转换效率至关重要。而对于Ⅲ类工质,吸热过程始终是双压蒸发循环中㶲损最多的热力环节,仍是限制热功转换效率提升的关键。

2.7　本 章 小 结

本章关注 100～200℃ 热源驱动的单压蒸发 ORC 系统和双压蒸发 ORC 系统,选取 9 种典型的纯工质,获得了两种循环的最佳循环参数,对比分析了两种循环的热力性能,并揭示了最佳循环形式(双压蒸发循环或单压蒸发循环)、工质物性和热源温度间的耦合关系;评估了双压蒸发循环的热力学完善度,揭示了双压蒸发循环的㶲损分布特征。主要结论如下所示。

采用双压蒸发循环可有效提升 ORC 系统的热功转换效率,对于 9 种纯工质,双压蒸发循环的净输出功相对单压蒸发循环可增加 21.4%～26.7%,且热源入口温度越低,净输出功的相对增加量越大。吸热过程夹点温差的增加将进一步增大双压蒸发循环的热力性能优势。双压蒸发循环的适用热源温度范围一般随工质临界温度的升高而增大,其上限与工质的临界温度存在正相关的线性关系,如式(2-14)所示。

双压蒸发循环虽然可显著减少吸热过程㶲损,但当热源温度较低时,吸热过程仍是㶲损最多的热力环节,工质与热源流体间的温度匹配程度仍有待改善。此外,对于双压蒸发循环,随热源温度升高,限制热功转换效率提升的关键热力过程会发生改变。

第3章 非共沸工质与双压蒸发循环的结合优势

3.1 本章引言

本章在双压蒸发循环的基础上,引入 R600a/R601a 非共沸工质,构建了非共沸工质双压蒸发循环,利用非共沸工质的变温相变特性进一步减少了换热过程的㶲损,提高了 ORC 系统的热功转换效率。R600a/R601a 非共沸工质是典型的碳氢化合物混合工质对,具有环保性好、成本低等优势[209],在 ORC 系统中也表现出良好的热力性能[33,76,97,210-212],且 R600a 和 R601a 的热物理性质差异显著,通过改变两者的组分配比可以获得不同热物理性质的非共沸工质[90,209],意味着可根据实际需求设计出具有特定性质的工质。

本章以采用 R600a/R601a 非共沸工质的双压蒸发 ORC 系统为研究对象,优化蒸发压力、蒸发器出口温度和冷却水温升,以获得最大的净输出功;分析热源温度和工质组分对系统热力性能和最佳循环参数的影响;对比采用非共沸工质和纯工质的单压蒸发循环及双压蒸发循环的热力性能,探究在双压蒸发循环中引入非共沸工质所获得的收益(净输出功的增加量)及其适用范围;评估非共沸工质双压蒸发循环的热力学完善度,揭示循环的㶲损分布特征。此外,本章针对纯工质双压蒸发循环和非共沸工质单压蒸发循环中的常规结论,探讨了它们在非共沸工质双压蒸发循环中的适用性。

3.2 分析模型

非共沸工质双压蒸发 ORC 的系统布置与图 2.1 相同,其热力过程如图 3.1 所示,详细的热力过程介绍见 2.2.1 节;系统模型的边界条件选取与表 2.2 中的相同,但冷却水在冷凝过程中的温升选取为 $5\sim15\,^{\circ}\mathrm{C}$[100,211];热源的出口温度无特殊限制。为简化分析,本节选取与 2.2.2 节相同的模型假定,并假定系统中的非共沸工质组分保持一致[95-96,201,213]。单压蒸发 ORC 系统的模型边界条件和假定与双压蒸发 ORC 系统相同。

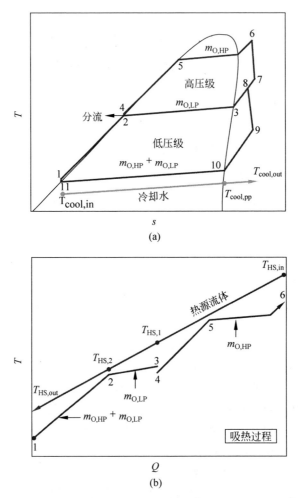

(a)

(b)

图 3.1　R600a/R601a 非共沸工质双压蒸发 ORC 的热力过程

(a) 循环过程；(b) 吸热过程的 T-Q

对于 R600a/R601a 非共沸工质,ORC 系统热力性能的计算模型与纯工质相同,见 2.2.2 节。单压蒸发 ORC 系统和双压蒸发 ORC 系统的优化参数及其选取范围如表 3.1 所示。双压蒸发循环中低压级蒸发器的出口温度($T_{3,\mathrm{DP}}$)选取为低压级蒸发压力所对应的下限[25,141]。由于冷却水的入口温度和冷凝过程的夹点温差一定,给定冷却水的温升,即可确定工质的冷凝压力,两者一一对应。蒸发压力的上限选取为工质 85% 的临界压力,不仅是为了避免近临界区工质物性剧烈变化的影响,保证系统稳定运行,也是为了保证使用的非共沸工质物性数据相对准确可靠。其他优化参数的上、下限选取原因可参考 2.2.3 节。

表 3.1　单压蒸发 ORC 系统和双压蒸发 ORC 系统的优化参数及其选取范围

循环形式	优化参数	选取范围的下限	选取范围的上限
单压蒸发循环	蒸发压力	$p_{cond}+100\ \text{kPa}$	$0.85p_c$
	蒸发器出口温度	避免膨胀过程经过两相区[25]	$T_{HS,in}-\Delta T_{HAP,pp}$
	冷却水温升	5℃	15℃
双压蒸发循环	低压级蒸发压力	$p_{cond}+100\ \text{kPa}$	$0.85p_c-100\ \text{kPa}$
	高压级蒸发压力	$p_{e,LP}+100\ \text{kPa}$	$0.85p_c$
	高压级蒸发器出口温度	避免膨胀过程经过两相区[25]	$T_{HS,in}-\Delta T_{HAP,pp}$
	冷却水温升	5℃	15℃

对于 ORC 系统,以净输出功最大为优化目标,优化流程与纯工质双压蒸发 ORC 系统相同,见 2.2.3 节,其中,压力和温度/温升的最小计算间隔分别选取为 10 kPa 和 0.1℃。流体的热物理性质源于 REFPROP 9.1 软件[186]。此外,由于非共沸工质在温熵图中的相变曲线呈非线性变化[33,214],因此采用如图 3.2 所示的方法确定相变过程的夹点温差[24],以冷凝过程为例,将冷凝过程划分为等换热量的 20 节,计算工质和冷却水在

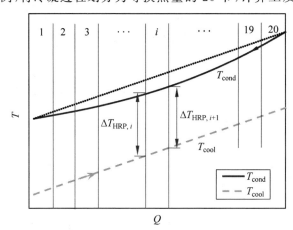

图 3.2　非共沸工质冷凝过程夹点温差的确定方法[24]

节点处的换热温差,保证节点处的最小换热温差与冷凝过程的夹点温差相等,进而确定工质的冷凝压力。

3.3　热源入口温度的影响

3.3.1　最佳循环参数

对于 R600a/R601a 非共沸工质,双压蒸发循环的最佳冷凝压力 $p_{cond,opt}$ 和最佳冷却水温升 $(T_{cool,pp}-T_{cool,in})_{opt}$ 与单压蒸发循环相同,如图 3.3 所示。$T_{cond,glide}$ 是非共沸工质在最佳冷凝压力下的冷凝滑移温度。随热源入口温度升高,最佳的冷凝压力和冷却水温升保持不变。最佳冷凝压力和最佳冷却水温升随 R600a 的质量分数增加的变化规律及具体原因见 3.4.1 节。

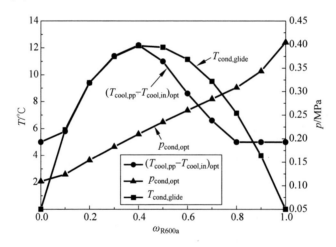

图 3.3　R600a/R601a 非共沸工质的最佳冷凝压力和最佳冷却水温升

对于采用 R600a/R601a 非共沸工质的单压蒸发循环和双压蒸发循环,热源入口温度对最佳蒸发压力的影响如图 3.4 所示。当 R600a 的质量分数不超过 0.2 时,R600a/R601a 非共沸工质的临界温度足够高,使得其最佳蒸发压力始终低于上限。因此,两种循环的最佳蒸发压力均随热源入口温度的升高而增加,且增加量逐渐增大,如图 3.4(a)所示。研究结果还表明,相对于单压蒸发循环,更高的高压级蒸发压力和更低的低压级蒸发压力的组合可以兼顾系统效率的提高和热源出口温度的降低,进而获得更大的净输出功。当 R600a 的质量分数为 0.3～0.5 时，最佳蒸发压力随热源入口温度升高的变化规律如图 3.4(b)所示，其中，低压级最佳蒸发压力的下降说明此时降低热源出口温度更有利于净输出功的增大。当 R600a 的质量分数高于 0.5 时，最佳蒸发压力随热源入口温度升高的变化规律如图 3.4(c)所示其中，随 R600a 的质量分数增加，最佳蒸发压力的变化规律发生改变的热源入口温度一般也随之降低。

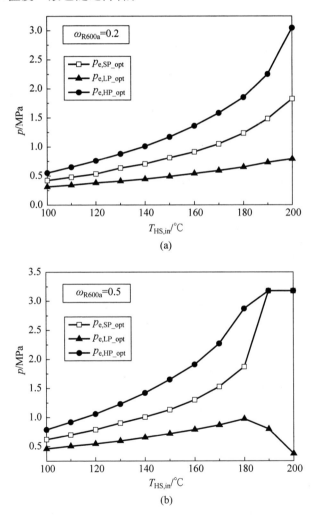

图 3.4　对于采用 R600a/R601a 非共沸工质的单压蒸发循环和双压蒸发循环，热源入口温度对最佳蒸发压力的影响

(a) $\omega_{R600a}=0.2$；(b) $\omega_{R600a}=0.5$；(c) $\omega_{R600a}=0.8$

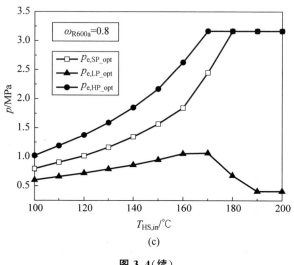

图 3.4(续)

　　最佳蒸发压力随热源入口温度升高的变化规律与工质临界温度密切相关,随 R600a 的质量分数增加,R600a/R601a 非共沸工质的临界温度逐渐降低。对于单压蒸发循环和双压蒸发循环,图 3.4(a)和图 3.4(b)所示的最佳蒸发压力的变化规律(当 R600a 的质量分数不超过 0.5 时)可视为图 3.4(c)的特殊情况(当 R600a 的质量分数高于 0.5 时)。具体而言,最佳蒸发压力在图 3.4(a)和图 3.4(b)中的变化规律与图 3.4(c)所示的热源入口温度分别为 100~160℃ 和 100~190℃ 的情况相似。换言之,对于 R600a 的质量分数不超过 0.5 的非共沸工质,当热源入口温度足够高时,低压级的最佳蒸发压力也会随热源入口温度的升高先降低后保持不变。此外,对于 R600a/R601a 非共沸工质,最佳蒸发压力随热源入口温度升高的变化规律与第 2章中的纯工质的变化规律相似。

　　对于采用 R600a/R601a 非共沸工质的单压蒸发循环和双压蒸发循环,热源入口温度对蒸发器最佳出口温度的影响如图 3.5 所示。

　　低压级蒸发器的出口温度选取为低压级蒸发压力所对应的下限,因此,它随热源入口温度升高的变化规律与低压级最佳蒸发压力的变化规律相似。当 R600a 的质量分数不超过 0.4 时,高压级蒸发器的最佳出口温度(T_{6,DP_opt})和单压蒸发循环的蒸发器最佳出口温度(T_{6,SP_opt})也等于最佳蒸发压力所对应的下限,如图 3.5(a)所示,这说明采用最小的过热度有利于获得最大的净输出功。而当 R600a 的质量分数高于 0.4 时,对于较高的热源入口温度,高压级蒸发器的最佳出口温度和单压蒸发循环蒸发器的最佳出口温度将会高于最佳蒸发压力所对应的下限,如图 3.5(b)和图 3.5(c)所示,这说明为获得最大的净输出功应采用适当的过热度。而且 R600a 的质量分数越高,蒸发器最佳出口温度开始高于最佳蒸发压力所对应下限的热源入口温度就越低,这是因为 R600a/R601a 非共沸工质的临界温度随

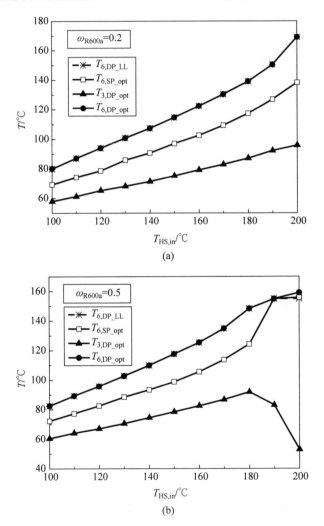

图 3.5　对于采用 R600a/R601a 非共沸工质的单压蒸发循环和双压蒸发循环,
热源入口温度对蒸发器最佳出口温度的影响

(a) $\omega_{R600a}=0.2$; (b) $\omega_{R600a}=0.5$; (c) $\omega_{R600a}=0.8$

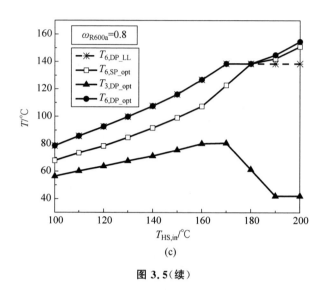

图 3.5（续）

R600a 的质量分数的增加而降低,当热源入口温度一定时,临界温度低的工质更倾向需要增加过热度以增大净输出功。另外,对于单压蒸发循环和双压蒸发循环,图 3.5(a)和图 3.5(b)中的蒸发器最佳出口温度的变化规律(当 R600a 的质量分数不超过 0.5 时)也可视为图 3.5(c)的特殊情况(当 R600a 的质量分数高于 0.5 时)。

此外,对于 R600a/R601a 非共沸工质,随热源入口温度升高,最佳蒸发压力和蒸发器最佳出口温度在变化规律方面的关联性与第 2 章中的纯工质的关联性相似,具体原因见 2.3 节。

总体而言,对于 R600a/R601a 非共沸工质,双压蒸发循环的最佳冷凝压力和最佳冷却水温升与单压蒸发循环相同,且不会随热源入口温度的升高而改变。对于采用 R600a/R601a 非共沸工质的双压蒸发循环,最佳循环参数随热源入口温度升高的变化规律与采用纯工质的双压蒸发循环的变化规律相似。对于 R600a/R601a 非共沸工质,单压蒸发循环和双压蒸发循环在最佳循环参数方面的对比结果,也与纯工质的对比结果相似。

3.3.2　系统热力性能

对于 R600a/R601a 非共沸工质,单压蒸发循环和双压蒸发循环在最佳工况下的系统效率如图 3.6 所示。由于最佳的冷凝压力和冷却水温升不会随热源入口温度的升高而改变,因此在最佳工况下,系统效率的变化主要由最佳蒸发压力和蒸发器出口温度决定。当 R600a 的质量分数不超过 0.2 时，两种循环的系统效率均随热源入口温度的升高而增加，如图 3.6(a) 所示。当 R600a 的质量分数为 0.3～0.5 时，两种循环的系统效率随热源入口温度的升高一般先增加后基本保持不变，如图 3.6(b) 所示。系统效率保持不变的原因在于，最佳蒸发压力已达到其上限或下限并保持不变，而蒸发器的最佳出口温度也一直等于最佳蒸发压力所对应的下限。但当 R600a 的

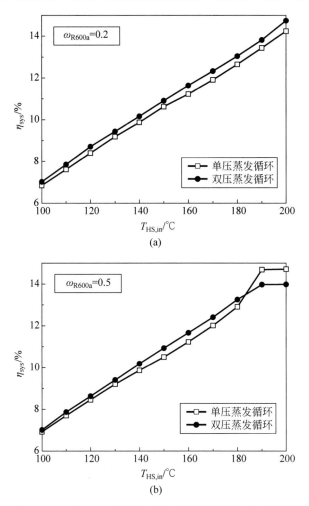

(a)

(b)

图 3.6　对于 R600a/R601a 非共沸工质，单压蒸发循环和双压蒸发循环在最佳工况下的系统效率

(a) $\omega_{R600a}=0.2$；(b) $\omega_{R600a}=0.5$；(c) $\omega_{R600a}=0.8$

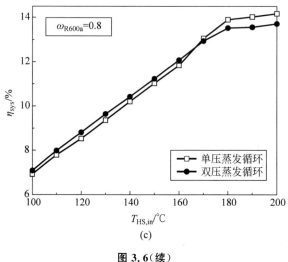

图 3.6(续)

质量分数高于 0.5 时,对于较高的热源入口温度,高压级蒸发器的最佳出口温度和单压蒸发循环中蒸发器的最佳出口温度均会高于其下限,并随热源入口温度的升高而增加。因此,当热源入口温度较高时,两种循环的系统效率均会再次增加,如图 3.6(c)所示。

相对于单压蒸发循环,当 R600a 的质量分数不超过 0.2 时,一般双压蒸发循环的系统效率更高,但当 R600a 的质量分数高于 0.2 时,在较低的热源入口温度下,双压蒸发循环的系统效率仍然更高。而在较高的热源入口温度下,双压蒸发循环的系统效率反而会更低,原因在于,高压级的最佳蒸发压力与单压蒸发循环的最佳蒸发压力相等,并均已达到上限,而低压级的最佳蒸发压力明显更低,导致双压蒸发循环的系统效率低于单压蒸发循环。

对于 R600a/R601a 非共沸工质,单压蒸发循环和双压蒸发循环在最佳工况下的热源出口温度如图 3.7 所示。当热源入口温度一定时,热源出口温度越低,系统的吸热量越多。当 R600a 的质量分数低于 0.6 时,两种循环的热源出口温度均随热源入口温度的升高先增高后下降,如图 3.7(a)和图 3.7(b)所示。而当 R600a 的质量分数高于 0.6 时,随热源入口温度升高,两种循环的热源出口温度均先升高后下降,再基本保持不变,如图 3.7(c)所示。对于单压蒸发循环和双压蒸发循环,随热源入口温度升高,R600a/R601a 非共沸工质的热源出口温度变化规律与纯工质相似,参见 2.4 节。此外,双压蒸发循环的热源出口温度始终低于单压蒸发循环,说明双压蒸发循环的系统吸热量始终更大。然而,当两种循环的热源出口温度均随热源入口温度的升高而保持不变时($\omega_{R600a} > 0.6$,如图 3.7(c) 所示),尽管双压蒸发循环的热源出口温度略低,但两者的系统吸热量基本相等。

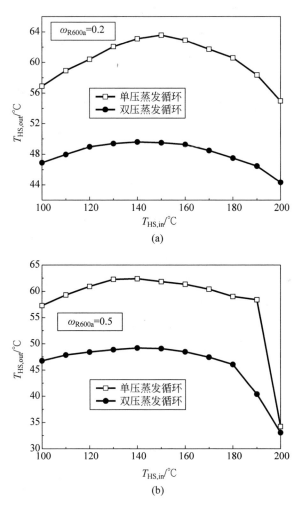

图 3.7 对于 **R600a/R601a** 非共沸工质,单压蒸发循环和双压蒸发循环在最佳工况下的热源出口温度

(a) $\omega_{R600a} = 0.2$;(b) $\omega_{R600a} = 0.5$;(c) $\omega_{R600a} = 0.8$

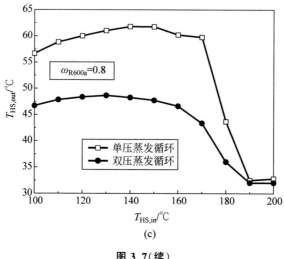

(c)

图 3.7（续）

对于 R600a/R601a 非共沸工质，单压蒸发循环和双压蒸发循环的最大净输出功如图 3.8 所示。当 R600a 的质量分数不超过 0.4 时，随热源入口温度升高，两种循环的最大净输出功均增加且增加量逐渐增大，如图 3.8(a) 所示，并且双压蒸发循环的最大净输出功大于单压蒸发循环，相对增加量会随热源入口温度的降低而增大，这与纯工质相对增加量的变化规律相似。最大净输出功的对比结果表明，双压蒸发循环相对单压蒸发循环具有突出优势。

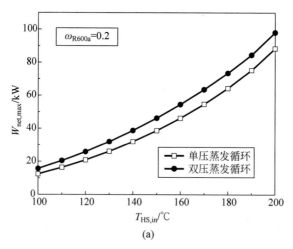

(a)

图 3.8　对于 R600a/R601a 非共沸工质，单压蒸发循环和双压蒸发循环的最大净输出功

(a) $\omega_{R600a}=0.2$；(b) $\omega_{R600a}=0.8$

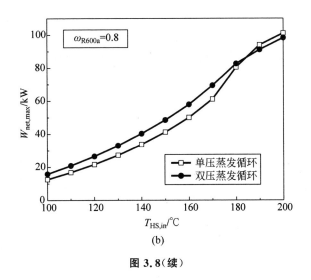

图 3.8(续)

当 R600a 的质量分数高于 0.4 时,两种循环的最大净输出功也随热源入口温度的升高而增加,但增加量先增大后基本保持不变,如图 3.8(b)所示。当热源入口温度较低时,双压蒸发循环的最大净输出功高于单压蒸发循环,且相对增加量也随热源入口温度的降低而增大;但当热源入口温度足够高时,双压蒸发循环的最大净输出功反而会略低于单压蒸发循环,不再具有热力性能优势。R600a/R601a 非共沸工质的临界温度随 R600a 的质量分数的增加而降低,对于 R600a 的质量分数高的非共沸工质,在较高的热源入口温度下,双压蒸发循环的最大净输出功反而低于单压蒸发循环,这与纯工质的对比结果相同。

3.4　工质组分的影响

对于 R600a/R601a 非共沸工质,改变组分配比可以获得不同物性的工质[90,209],因此,分析工质在不同组分下的最佳循环参数和系统热力性能有助于揭示:①工质物性对双压蒸发循环与非共沸工质结合优势的影响;②对于不同温度热源驱动的双压蒸发循环,哪种非共沸工质更适宜被引入。

3.4.1　最佳循环参数

最佳的冷凝压力会随 R600a 的质量分数的增加,由 0.11 MPa 增加到 0.40 MPa,如图 3.3 所示。原因在于,相对于 R601a,R600a 的临界温度低但临界压力更高。与之对应的工质冷凝滑移温度会随 R600a 的质量分数的增加先增大后减小，在 R600a 的质量分数为 0.4 时达到最大值 12.2℃。此外，R600a/R601a 非共沸工质的冷凝释热特性会显著影响最佳的冷却水温升。当 R600a 的质量分数不超过 0.4 时，非共沸工质在温熵图中的冷凝释热曲线是上凸的，冷凝过程的夹点温差一般发生在冷凝的泡点或露点处；而当 R600a 的质量分数高于 0.4 时，非共沸工质在温熵图中的冷凝释热曲线是下凹的，冷凝过程的夹点温差有可能发生在冷凝的中间部分；Liu 等[33]也发现过类似现象。因此，对于冷凝滑移温度大于 5℃ 且 R600a 的质量分数不超过 0.4 的非共沸工质，最佳的冷却水温升与工质的冷凝滑移温度基本相等。而对于冷凝滑移温度大于 5℃ 但 R600a 的质量分数高于 0.4 的非共沸工质，最佳的冷却水温升一般低于工质的冷凝滑移温度。对于冷凝滑移温度小于 5℃ 的非共沸工质，由于冷却水温升下限的约束，最佳的冷却水温升保持为 5℃。

图 3.9 和图 3.10 分别是 R600a/R601a 非共沸工质双压蒸发循环在不同工质组分下的最佳蒸发压力和蒸发器最佳出口温度。

R600a 的临界温度低但临界压力高。因此，当热源入口温度一定时，随 R600a 的质量分数增加，高压级的最佳蒸发压力逐渐增加且增加量也逐渐增大，但高压级的最佳蒸发压力在达到某一组分所对应的蒸发压力上限后，将保持为不同组分所对应的蒸发压力上限，如图 3.9(a)所示。此外，

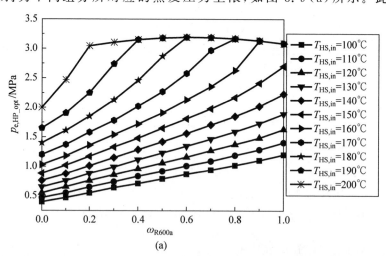

图 3.9　R600a/R601a 非共沸工质双压蒸发循环在不同工质组分下的最佳蒸发压力

(a) 高压级的最佳蒸发压力；(b) 低压级的最佳蒸发压力

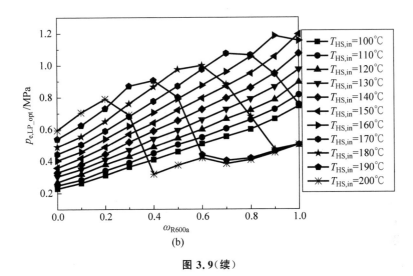

图 3.9（续）

R600a/R601a 非共沸工质的临界压力随 R600a 的质量分数的增加先增大后减小。因此,高压级蒸发压力的上限也随 R600a 的质量分数的增加先增大后减小。

随 R600a 的质量分数增加,低压级最佳蒸发压力的变化也与非共沸工

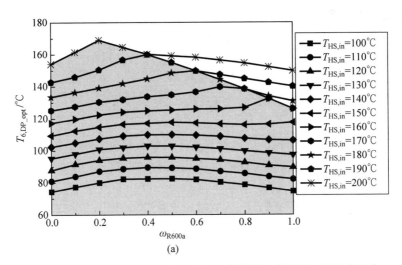

图 3.10　R600a/R601a 非共沸工质双压蒸发循环在不同工质组分下的蒸发器最佳出口温度

（a）高压级蒸发器的最佳出口温度；（b）低压级蒸发器的最佳出口温度

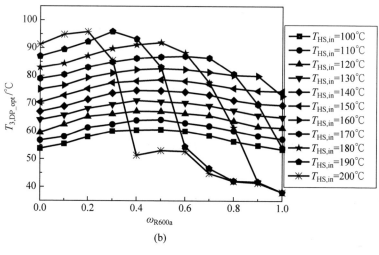

图 3.10（续）

质的临界参数密切相关,如图 3.9（b）所示。非共沸工质的临界温度随
R600a 质量分数的增加而下降,对于临界温度低的工质,低压级的最佳蒸发
压力会出现随热源入口温度的升高而下降和等于其下限的情况,如图 3.5
所示,且工质的临界温度越低,低压级最佳蒸发压力开始下降的热源入口温
度和等于其下限的热源入口温度就越低,下降量一般也越大。这是低压级
最佳蒸发压力随 R600a 质量分数增加而下降的原因。此外,低压级蒸发压
力的下限比冷凝压力高 100 kPa,而最佳冷凝压力会随 R600a 质量分数的
增加而增大。因此,低压级的最佳蒸发压力也会出现随 R600a 质量分数增
加而增大的情况,如热源入口温度为 190～200℃且 R600a 的质量分数高于
0.7 的工况。

　　蒸发器的最佳出口温度由最佳蒸发压力和非共沸工质的蒸发滑移温度
共同决定。在图 3.10（a）中,阴影部分表示高压级蒸发器的最佳出口温度
等于最佳蒸发压力所对应的下限,采用最小的过热度有利于获得最大的净
输出功,而阴影上侧部分则表示高压级蒸发器的最佳出口温度高于最佳蒸
发压力所对应的下限,采用适当的过热度有利于增大净输出功。总体而言,
当热源入口温度一定时,随 R600a 的质量分数增加,高压级蒸发器的最佳
出口温度先升高后降低,且非共沸工质的临界温度越低,相同热源入口温度
下的过热度一般越大。

3.4.2　系统热力性能

图 3.11 是 R600a/R601a 非共沸工质双压蒸发循环在不同工质组分下的系统效率(最佳工况)。不同于纯工质,非共沸工质的系统效率不仅受蒸发压力和蒸发器出口温度的影响,还会受冷凝压力和工质相变滑移温度的影响。当热源入口温度不超过 150℃时,系统效率随 R600a 质量分数的增加呈现出 M 形的变化规律。而当热源入口温度为 160～190℃时,随 R600a 的质量分数增加,系统效率先减小后增加达到峰值(一般为最大值),然后再次减小。热源入口温度越高,系统效率达到峰值的 R600a 的质量分数就越低。当热源入口温度为 200℃时,随 R600a 的质量分数增加,系统效率先略微增加(ω_{R600a}<0.1)后逐渐减小。相比于 R600a 和 R601a,R600a/R601a 非共沸工质在最佳工况下的系统效率更高。

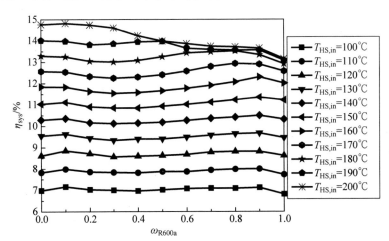

图 3.11　R600a/R601a 非共沸工质双压蒸发循环在不同
工质组分下的系统效率(最佳工况)

图 3.12 是 R600a/R601a 非共沸工质双压蒸发循环在不同工质组分下的热源出口温度(最佳工况)。与 R600a 和 R601a 相比,R600a/R601a 非共沸工质可以获得更低的热源出口温度,因为冷凝滑移温度的存在会使非共沸工质在预热器入口处的温度更低。

如图 3.12(a)所示,当热源入口温度低于 150℃时,随 R600a 的质量分数增加,热源出口温度会出现陡降和陡增的情况,这主要是由非共沸工质的冷凝滑移温度特性引起的。当热源入口温度高于 160℃时,低压级的最佳

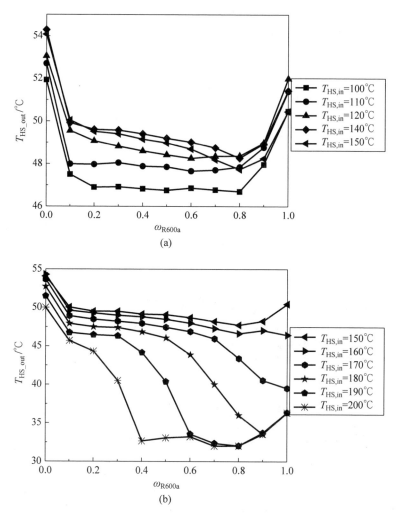

**图 3.12　R600a/R601a 非共沸工质双压蒸发循环在不同
工质组分下的热源出口温度(最佳工况)**

(a) 热源入口温度 100~150℃；(b) 热源入口温度 150~200℃

　　蒸发压力对热源出口温度发挥着显著影响,特别是对于随 R600a 的质量分数增加,低压级最佳蒸发压力开始下降的组分区间。如图 3.12(b)所示,当热源入口温度为 170~190℃时,随 R600a 的质量分数增加,热源出口温度先急剧下降,之后继续下降但下降量逐渐减小,然后先继续急剧下降再逐渐升高,与低压级最佳蒸发压力的变化规律相似。当热源入口温度为 200℃

时,随 R600a 的质量分数增加,热源出口温度先下降($\omega_{R600a}<0.4$),而之后的变化规律与低压级最佳蒸发压力的变化规律相似。相比于 R600a 和 R601a,除了热源入口温度为 160～170℃的工况外,R600a/R601a 非共沸工质在最佳工况下的热源出口温度均更低。

　　图 3.13 是 R600a/R601a 非共沸工质双压蒸发循环在不同工质组分下的最大净输出功。当热源入口温度不超过 190℃时,最大净输出功随 R600a 的质量分数增加呈现出 M 形的变化规律,且第二个峰值处的净输出功一般是最大的。当热源入口温度分别为 100～130℃、140～180℃和 190℃时,净输出功的最大值分别出现在 R600a 的质量分数为 0.8、0.9 和 0.6 处(最佳工质组分)。而当热源入口温度为 200℃时,随 R600a 的质量分数增加,最大净输出功先增加后减小,在 R600a 的质量分数为 0.4 处达到最大值。总体而言,对于双压蒸发循环,R600a/R601a 非共沸工质的引入可显著增大 ORC 系统的净输出功,其最大净输出功相对 R600a 和 R601a 最多可分别增加 11.9% 和 15.2%。

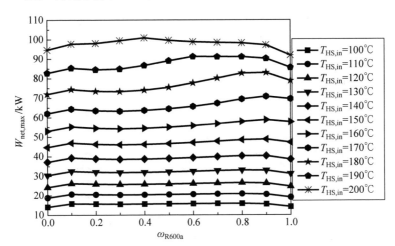

图 3.13　R600a/R601a 非共沸工质双压蒸发循环在不同工质组分下的最大净输出功

3.5　㶲性能分析

　　本节对于采用 R600a/R601a 非共沸工质的双压蒸发循环,针对最佳工况下的㶲性能开展分析,评估循环的热力学完善度,探究循环中各热力过程㶲损及其占比的变化规律,揭示循环中的㶲损分布特征。对于双压蒸发循环,非共沸工质的㶲性能分析模型与纯工质相同,见 2.6 节,且环境温度也选取为 20℃。双压蒸发循环可划分为 4 个主要热力过程:吸热过程(包含 7→8、8→9 和 10→1 过程)、膨胀过程(包含 1→2、2/9→3 和 3→4 过程)、放热过程(4→6 过程)和压缩过程(包含 6→7 和 8→10 过程),其㶲损的计算模型可见 2.6 节。

对于采用 R600a/R601a 非共沸工质的双压蒸发循环,最佳工况下各热力过程的㶲损如图 3.14 所示。当 R600a 的质量分数低于 0.5 时,随热源入口温度升高,吸热过程㶲损(I_{HAP})先增加后减小,如图 3.14(a)所示,且吸热过程㶲损最大的热源入口温度会随 R600a 的质量分数的增加而降低。而当 R600a 的质量分数高于 0.6 时,随热源入口温度升高,吸热过程㶲损先增加后减小,之后会因高压级蒸发器最佳出口温度的增加而继续增加。对于 R600a/R601a 非共沸工质,随热源入口温度升高,吸热过程㶲损的变化规律与纯工质相似。另外,当热源入口温度不超过 140℃ 时,随 R600a 的质量分数增加,吸热过程㶲损先减小($\omega_{R600a}<0.4$)后增加;当热源入口温度为 150～170℃ 时,吸热过程㶲损随 R600a 的质量分数的增加而降低,这说明在此热源入口温度范围内,采用 R600a/R601a 非共沸工质并不能有效减少吸热过程㶲损,当热源入口温度高于 180℃ 时,吸热过程的㶲损随

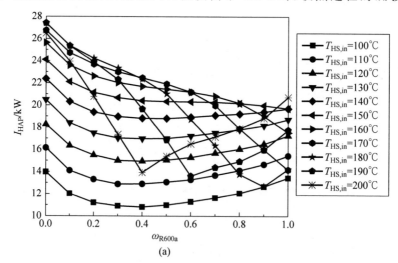

**图 3.14　对于采用 R600a/R601a 非共沸工质的双压蒸发循环,
最佳工况下各热力过程的㶲损**

(a) 吸热过程;(b) 膨胀过程;(c) 放热过程;(d) 压缩过程

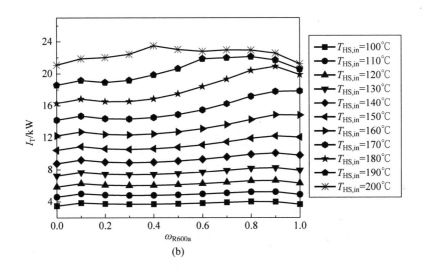

(b)

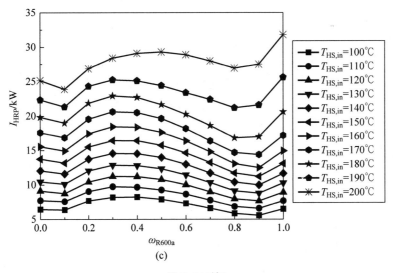

(c)

图 3.14（续）

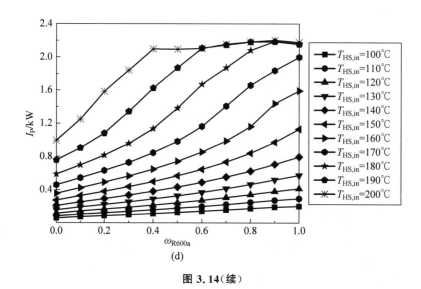

图 3.14(续)

R600a 的质量分数的增加先减小后增大。因此,相比于纯工质,当热源入口温度为 100～140℃或高于 180℃时,R600a/R601a 非共沸工质可显著减少吸热过程㶲损。

膨胀过程㶲损(I_T)随热源入口温度和 R600a 的质量分数增加的变化规律与净输出功的变化规律相似,如图 3.14(b)所示,原因在于,膨胀过程㶲损会随透平输出功的增加而增加,而透平输出功对系统净输出功的影响显著,两者的变化规律相似,进而导致膨胀过程㶲损的变化规律与净输出功的变化规律相似。当 R600a 的质量分数低于 0.4 时,膨胀过程㶲损随热源入口温度的升高而增加且增加量逐渐增大,而当 R600a 的质量分数高于 0.4 时,随热源入口温度升高,膨胀过程㶲损逐渐增加且增加量先增大后基本保持不变。另外,当热源入口温度不超过 190℃时,随 R600a 的质量分数增加,膨胀过程㶲损呈 M 形的变化规律,而当热源入口温度为 200℃时,随 R600a 的质量分数增加,膨胀过程㶲损先增加($\omega_{R600a} < 0.4$)后减小。R600a/R601a 非共沸工质的膨胀过程㶲损一般高于纯工质,因为非共沸工质的吸热量更大,导致其工质流量增加。

放热过程㶲损(I_{HRP})一般随热源入口温度的升高而增加且增加量逐渐增大,如图 3.14(c)所示。而随 R600a 的质量分数的增加,放热过程㶲损呈现出 W 形的变化规律。相比于纯工质,R600a/R601a 非共沸工质可显著减少放热过程㶲损,但当非共沸工质的冷凝滑移温度较大时,其放热过程㶲损反而可能显著多于纯工质,如热源入口温度为 100~170℃且 R600a 的质量分数为 0.2~0.5 的工况,这种情况主要是由冷凝过程夹点温差和冷却水入口温度约束导致的,在这些工况下,冷却水在冷凝过程中的温升与 R600a/R601a 非共沸工质的冷凝滑移温度基本相等,冷凝过程的温度匹配效果得到了显著改善,但冷却水温度的升高并不属于循环的收益,而工质冷凝露点温度的升高反而会增大非共沸工质的放热过程㶲损。

如图 3.14(d)所示,一方面,当 R600a 的质量分数低于 0.4 时,压缩过程㶲损(I_p)随热源入口温度的升高而增加且增加量逐渐增大;但当 R600a 的质量分数高于 0.4 时,随热源入口温度的升高,压缩过程㶲损先增加后基本保持不变。另一方面,当热源入口温度不超过 150℃时,随 R600a 的质量分数增大,压缩过程㶲损逐渐增加且增加量也逐渐增大;但当热源入口温度为 160~170℃时,压缩过程㶲损随 R600a 的质量分数的增加而增大,但增加量先增大后减小;当热源入口温度高于 180℃时,随 R600a 的质量分数的增加,压缩过程㶲损先增加后略微减小。另外,当热源入口温度不超过 150℃时,压缩过程㶲损随热源入口温度和 R600a 的质量分数增加的变化规律与高压级最佳蒸发压力的变化规律相似,这说明高压级蒸发压力对压缩过程㶲损有显著影响。但当热源入口温度高于 150℃时,随热源入口温度或 R600a 的质量分数的增加,压缩过程㶲损的变化规律与高压级最佳蒸发压力的变化规律略有不同,原因在于,工质流量变化对压缩过程㶲损的影响变得更加显著。此外,压缩过程㶲损大幅低于其他热力过程的㶲损。

对于采用 R600a/R601a 非共沸工质的双压蒸发循环,最佳工况下各热力过程的㶲损占比如图 3.15 所示。一方面,当 R600a 的质量分数低于 0.5 时,吸热过程的㶲损占比(I_{HAP}/I_{total})随热源入口温度的升高而降低且下降量逐渐增大,如图 3.15(a)所示;而当 R600a 的质量分数高于 0.6 时,随热源入口温度升高,吸热过程的㶲损占比先降低后增加。另一方面,当热源入口温度不超过 150℃时,随 R600a 的质量分数的增加,吸热过程的㶲损占比先减小后增大,然后继续减小;当热源入口温度为 160~170℃时,吸热过程的㶲损占比随 R600a 的质量分数的增加而下降,且下降量先减小后增大;而当热源入口温度高于 180℃时,吸热过程的㶲损占比随 R600a 质量分数的增加先减小后增大。总体而言,相比于纯工质,当热源入口温度为 100~150℃或高于 180℃时,R600a/R601a 非共沸工质的吸热过程㶲损占比会更小。

　　如图 3.15(b)所示,一方面,当 R600a 的质量分数低于 0.4 时,膨胀过程的㶲损占比($I_\mathrm{T}/I_\mathrm{total}$)随热源入口温度的升高而增加且增加量逐渐增大;而当 R600a 的质量分数高于 0.5 时,随热源入口温度升高,膨胀过程的㶲损占比先增加后减小。另一方面,随 R600a 的质量分数增加,膨胀过程㶲损占比的变化规律与其㶲损的变化规律相似,R600a/R601a 非共沸工质的膨胀过程㶲损占比也一般高于纯工质。

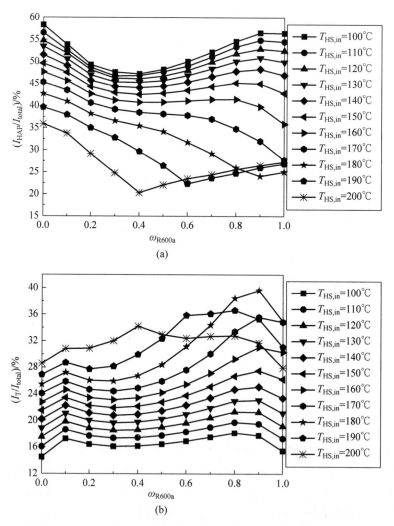

图 3.15　R600a/R601a 非共沸工质双压蒸发循环中各热力过程在
最佳工况下的㶲损占比

(a) 吸热过程;(b) 膨胀过程;(c) 放热过程;(d) 压缩过程

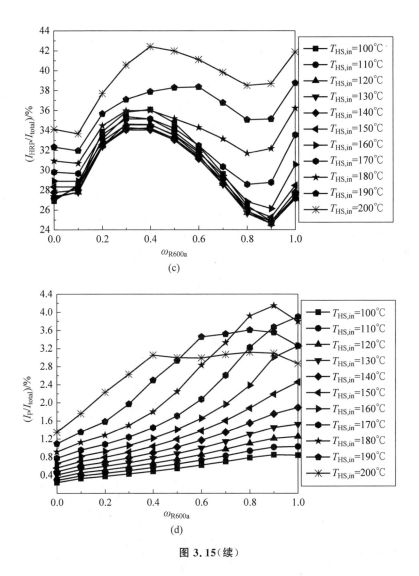

图 3.15（续）

　　放热过程的㶲损占比（I_{HRP}/I_{total}）一般随热源入口温度的升高先降低,但下降量逐渐减小,后增加且增加量逐渐增大,如图 3.15(c)所示。另外,当热源入口温度低于 150℃时,随 R600a 的质量分数的增加,放热过程的㶲损占比先增加后减小,然后继续增加;而当热源入口温度高于 160℃时,放热过程的㶲损占比会随 R600a 的质量分数的增加呈接近 W 形的变化规律,且变化规律发生转变的 R600a 的质量分数取决于热源入口温度。

此外,对于冷凝滑移温度较大的 R600a/R601a 非共沸工质,其放热过程的
㶲损占比也会高于纯工质。

如图 3.15(d)所示,一方面,当 R600a 的质量分数不超过 0.5 时,压缩
过程的㶲损占比(I_P/I_{total})一般随热源入口温度的升高而增加;而当
R600a 的质量分数高于 0.5 时,压缩过程的㶲损占比会随热源入口温度的
升高先增加后减小。另一方面,当热源入口温度不超过 170℃时,随 R600a
的质量分数增加,压缩过程㶲损占比的变化规律与其㶲损的变化规律相
似;而当热源入口温度为 180~200℃时,压缩过程的㶲损占比一般随
R600a 质量分数的增加先增大后减小。

图 3.16 所示为 R600a/R601a 非共沸工质双压蒸发循环在最佳工况下
的㶲效率。随热源入口温度和 R600a 的质量分数的增加,循环㶲效率的变
化规律与膨胀过程㶲损占比的变化规律相同。当热源入口温度为 100℃和
200℃时,R600a/R601a 非共沸工质双压蒸发循环的㶲效率分别为 38.3%~
43.1% 和 55.5%~59.8%。然而,循环㶲效率有可能随热源入口温度的升
高而下降,如热源入口温度为 180~200℃且 R600a 的质量分数为 0.6~
1 的工况。对于 R600a/R601a 非共沸工质,当热源入口温度分别为 100~
130℃、140~180℃、190℃ 和 200℃时,循环的最大㶲效率分别出现在
R600a 的质量分数为 0.8、0.9、0.8 和 0.4 处。总体而言,当热源入口温度
为 100~200℃时,R600a/R601a 非共沸工质双压蒸发循环的最大㶲效率为
43.1%~61.7%,且最大㶲效率会随热源入口温度的升高先增加后减小。

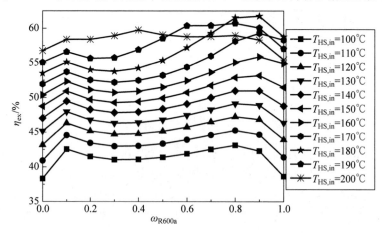

图 3.16　R600a/R601a 非共沸工质双压蒸发循环在最佳工况下的㶲效率

图 3.16 也说明 R600a/R601a 非共沸工质在㶲效率方面相对纯工质更
具优势,可以实现更高效的热功转换。在双压蒸发循环中,R600a/R601a
非共沸工质的㶲效率相对 R600a 和 R601a 最多可分别增加 11.6% 和
15.4%。尽管与 R600a 或 R601a 相比,采用 R600a/R601a 非共沸工质有可
能增大某些热力学过程的㶲损(如膨胀和压缩过程),但相变滑移温度所带
来的吸热和放热过程的㶲损减少,对循环总㶲损的降低有更显著的影响。
因此,对于双压蒸发循环,采用 R600a/R601a 非共沸工质可显著降低总㶲
损,提升㶲效率。

图 3.17 显示的是 R600a/R601a 非共沸工质双压蒸发循环的㶲损分
布,基于不同热源入口温度下的最佳工质组分及它对应的最佳工况。当
热源入口温度不超过 160℃时,吸热过程的㶲损最多,占循环总㶲损的
39.8%～54.6%,但随着热源入口温度升高,吸热过程的㶲损将大幅减少,
尤其是热源未利用㶲损会因热源出口温度的显著降低而大幅减少。当热
源入口温度高于 170℃和 180℃时,膨胀过程和放热过程的㶲损将分别超过
吸热过程。对于入口温度为 170～180℃和 190～200℃的热源,膨胀过程和
放热过程将成为循环中㶲损最多的热力过程,分别占循环总㶲损的 35.6%～
39.6% 和 38.4%～42.4%。放热过程的㶲损增加主要源于过热降温过程
的㶲损增加,这是由高压级蒸发器出口温度升高所导致的。而压缩过程的
㶲损始终是最少的,占循环总㶲损的比例不超过 4.1%。

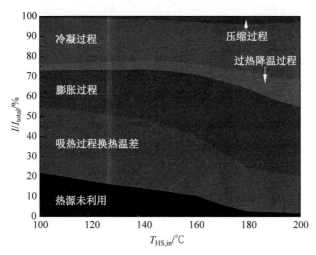

图 3.17　R600a/R601a 非共沸工质双压蒸发循环的㶲损分布(见文前彩图)

3.6　应用潜力评估

对于 R600a/R601a 非共沸工质,在最佳工况下,双压蒸发循环相对于单压蒸发循环的净输出功增加量$[(W_{net,DP}-W_{net,SP})/W_{net,SP}]$如图 3.18所示。相对于单压蒸发循环,双压蒸发循环可显著增加系统的净输出功,且净输出功的相对增加量也会随热源入口温度的降低而增加,此变化规律与纯工质相同,具体原因可参考 2.4 节。相对于单压蒸发循环,双压蒸发循环的净输出功最多可增加 27.1%。

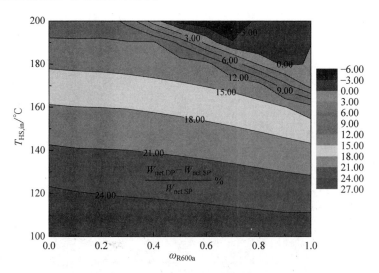

图 3.18　对于 R600a/R601a 非共沸工质,双压蒸发循环相对单压蒸发循环的净输出功增加量(最佳工况)(见文前彩图)

另外,当热源入口温度低于 180℃时,双压蒸发循环的净输出功增加量会随 R600a 质量分数的增加而减小,此变化规律可借鉴纯工质双压蒸发循环的研究结果进行解释:随 R600a 质量分数的增加,非共沸工质的临界温度逐渐降低,双压蒸发循环净输出功高于单压蒸发循环的热源入口温度上限也随之下降。因此,当热源入口温度一定时,随 R600a 的质量分数增加,双压蒸发循环的适用热源入口温度上限(更高)与热源入口温度间的差距逐渐减小,进而导致双压蒸发循环净输出功增加量的降低。而当热源入口温度高于 180℃时,双压蒸发循环的净输出功增加量一般随 R600a 质量分数的增加先减小后增大,且双压蒸发循环的净输出功反而可能低于单压蒸发循环。对于入口温度高于 180℃的热源,当 R600a 的质量分数较高时,单压蒸发循环和双压蒸发循环的吸热量基本相等,因此,双压蒸发循环的净输出功增加量主要取决于系统效率的增加量,而双压蒸发循环的系统效率反而可能低于单压蒸发循环,如 3.3.2 节所述。这导致双压蒸发循环的净输出功反而更低。总体而言,从被引入到双压蒸发循环的角度,采用临界温度高的非共沸工质更合适,一般可以获得更大的适用热源温度范围及更大的净输出功增加量。

　　选取 R600a/R601a 非共沸工质的最佳组分,与纯工质(R600a 和 R601a)开展净输出功对比,如图 3.19 所示。非共沸工质双压蒸发循环的最大净输出随热源入口温度的升高而增加,且增加量在热源入口温度低于 180℃时逐渐增大,后基本保持不变。此外,当热源入口温度低于 180℃时,非共沸工质双压蒸发循环的净输出功最大,但当热源入口温度高于 180℃时,非共沸工质双压蒸发循环的净输出功略低于非共沸工质单压蒸发循环,但仍高于纯工质双压蒸发循环。相对于 R600a 双压蒸发循环,非共沸工质双压蒸发循环的净输出功增加量随热源入口温度的升高先减小后增加;当热源入口温度为 100℃和 200℃时,净输出功的相对增加量分别为11.9% 和 9.8%。相对 R601a 双压蒸发循环,随热源入口温度升高,非共沸工质双压蒸发循环的净输出功增加量先减小(热源入口温度低于 140℃)后增加,然后继续减小(热源入口温度高于 180℃),净输出功的最大相对增加量为 15.2%,出现在热源入口温度为 180℃处。相对于非共沸工质单压蒸发循环,随热源入口温度升高,非共沸工质双压蒸发循环的净输出功增加量

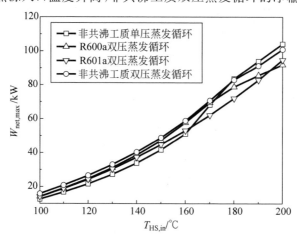

图 3.19　采用 R600a/R601a 非共沸工质和纯工质的单压蒸发循环和双压蒸发循环的最大净输出功

逐渐减小,净输出功的最大相对增加量为 25.7%,出现在热源入口温度为 100℃处。总体而言,非共沸工质可与双压蒸发循环实现优势叠加、相互促进,进一步提高热功转换效率,且优势显著,在实际工程中的应用潜力巨大。

　　为进一步揭示双压蒸发循环与非共沸工质结合提高 ORC 系统热功转换效率的内在原因,本章针对采用 R600a/R601a 非共沸工质(最佳组分)和纯工质的单压蒸发循环和双压蒸发循环,对比分析了各热力过程的㶲损,如图 3.20 所示。当热源入口温度低于 170℃时,双压蒸发循环的吸热过程

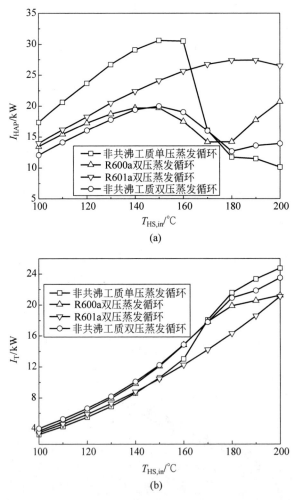

(a)

(b)

图 3.20　采用 R600a/R601a 非共沸工质(最佳组分)和纯工质的单压蒸发循环和
双压蒸发循环的各热力过程㶲损对比

(a) 吸热过程;(b) 膨胀过程;(c) 放热过程;(d) 压缩过程

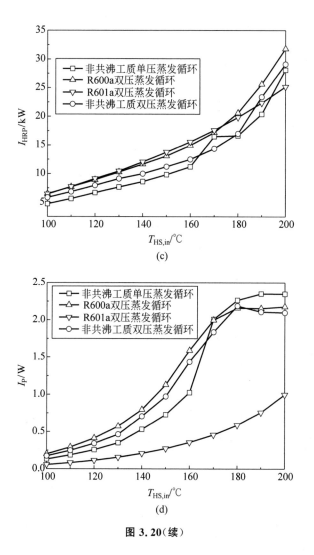

图 3.20（续）

烟损明显低于单压蒸发循环,这主要归因于热源出口温度的大幅降低,以及工质与热源流体间换热温差的减小。但双压蒸发循环的膨胀过程烟损高于单压蒸发循环,因为系统的吸热量增加导致工质流量明显增大。当热源入口温度不超过160℃或高于180℃时,双压蒸发循环的放热过程烟损也高于单压蒸发循环,其中,当热源入口温度不超过160℃时,原因主要在于双压蒸发循环的工质流量增加,而当热源入口温度高于180℃时,原因主要在于冷凝器入口处工质温度的升高。另外,当热源入口温度不超过160℃

时,双压蒸发循环的压缩过程㶲损也略高于单压蒸发循环。总体而言,对于 R600a/R601a 非共沸工质,当热源入口温度低于 170℃时,相对于单压蒸发循环,双压蒸发循环吸热过程的㶲损下降量明显大于其他热力过程的㶲损增加量;当热源入口温度为 170~180℃时,双压蒸发循环在放热和压缩过程中的㶲损更少,使其总㶲损更少;当热源入口温度高于 180℃时,双压蒸发循环的总㶲损将更多。

另外,对于双压蒸发循环,相对于 R600a,非共沸工质可有效减少放热过程和压缩过程的㶲损,且当热源入口温度低于约 145℃和高于约 175℃时,其吸热过程的㶲损也更少,但其膨胀过程的㶲损略大。总体而言,对于双压蒸发循环,当热源入口温度为 100~200℃时,非共沸工质要小于 R600a 的总㶲损。而相对于 R601a,非共沸工质的吸热过程㶲损会显著降低,且下降量随热源入口温度的升高一般先增加后减小,但其膨胀和压缩过程的㶲损更多,原因在于非共沸工质的最佳蒸发压力更高,然而㶲损的增加量明显小于吸热过程的㶲损减小量。另外,当热源入口温度不超过 180℃时,非共沸工质相对于 R601a 可显著降低放热过程㶲损,但当热源入口温度为 190~200℃时,非共沸工质的放热过程㶲损反而会因为冷凝露点温度的升高而变得更大。总体而言,对于双压蒸发循环,当热源入口温度为 100~200℃时,非共沸工质的总㶲损也小于 R601a。

综上所述,非共沸工质双压蒸发循环相对于其单压蒸发循环的性能优势主要体现在吸热过程㶲损的大幅减少,而相对于纯工质双压蒸发循环的性能优势主要体现在吸热和放热过程㶲损的大幅减少。

3.7　本 章 小 结

本章在双压蒸发循环的基础上,引入非共沸工质,利用非共沸工质的变温相变特性进一步减少换热过程的㶲损,提高 ORC 系统的热功转换效率;以 R600a/R601a 非共沸工质为例,分析了热源入口温度和工质组分对系统热力性能和最佳循环参数的影响;与纯工质双压蒸发循环和非共沸工质单压蒸发循环进行对比,评估了在双压蒸发循环中引入非共沸工质所获得的收益及其适用范围;探究了非共沸工质双压蒸发循环的热力学完善度,揭示了循环中的㶲损分布特征。主要结论如下所示。

对于双压蒸发循环,非共沸工质的引入可实现两者的优势叠加,显著提高 ORC 系统的热功转换效率。对于 R600a/R601a 非共沸工质双压蒸发循环,其净输出功相对 R600a 和 R601a 双压蒸发循环最多可分别增加 11.9%和 15.2%,相对非共沸工质单压蒸发循环最多可增加 25.7%。当热源入口温度低于 180℃时,非共沸工质双压蒸发循环可以获得最大的净输出功,而对于更高的热源入口温度,非共沸工质双压蒸发循环虽然无法相对其单压蒸发循环进一步增大净输出功,但相对纯工质双压蒸发循环仍可增大净输出功。

当热源入口温度为 100~200℃时,R600a/R601a 非共沸工质双压蒸发循环的最大㶲效率为 43.1%~61.7%,并会随热源入口温度的升高先增加后减小。当热源入口温度分别为 100~160℃、170~180℃ 和 190~200℃时,循环的最大㶲损分别发生在吸热、膨胀和放热过程。

临界温度高的非共沸工质更适合应用于双压蒸发循环,一般可以获得更大的适用热源温度范围及更大的净输出功增加量。

第4章　超临界-亚临界吸热过程耦合的优势评估

4.1　本章引言

本章在双压蒸发循环的基础上,采用超临界吸热过程替代高压级的蒸发过程,提出了一种超临界-亚临界吸热过程耦合的新型循环。超临界吸热过程可进一步减少工质与热源流体间的换热㶲损[25,101-103],并提高工质在透平入口处的压力和温度,有望实现更高的热功转换效率。鉴于新型循环借鉴了双压蒸发循环的理念,本章将它简称为"双压吸热循环"(超临界+亚临界)。

双压蒸发循环在热源入口温度较高时,相对于单压蒸发循环将不再具有热力性能优势,而超临界吸热过程的引入有望在高温热源下进一步提高热功转换效率,实现跨临界循环和双压蒸发循环的优势叠加,并增强循环对不同特性热源的适应性。然而,双压吸热循环的热力性能是否一定优于已有的循环形式,目前尚不清楚。双压吸热循环的适用热源温度范围、热力性能特性及其循环参数的最佳选取均有待探究。

本章针对新型双压吸热循环开展热力性能分析,采用纯工质,以净输出功最大为优化目标,探究循环中吸热压力和蒸气发生器出口温度的最佳选取,分析系统热力性能的变化规律;以单压蒸发循环、跨临界循环和双压蒸发循环为比较对象,定量化评估双压吸热循环的热力性能优势;开展㶲性能分析,评估双压吸热循环的热力学完善度,并揭示其㶲损分布特征。

4.2　分析模型

4.2.1　循环与工质

双压吸热ORC的系统布置及其热力过程分别如图4.1和图4.2所示,

与双压蒸发循环的区别主要在于采用蒸气发生器替代了高压级蒸发器,高压级为超临界吸热过程而非亚临界吸热过程。其他热力流程与双压蒸发循环相同,详细介绍见 2.2.1 节。

本研究首先选取 R1234ze(E)作为工质,对双压吸热循环开展热力性能的分析评估,其主要物性参数见表 2.1。R1234ze(E)的环保性好,并在 ORC 系统中表现出良好的热力性能[25,182,195]。此外,R1234ze(E)的临界温度低（109.36℃）[186],有利于在较低的热源温度下实现超临界吸热[25,195]。

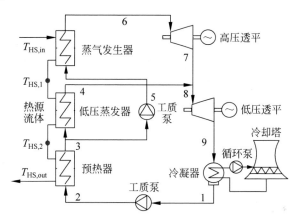

图 4.1　双压吸热 ORC 的系统布置

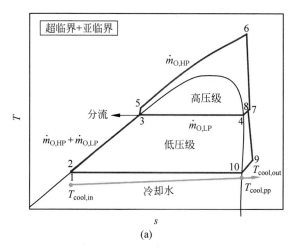

(a)

图 4.2　双压吸热 ORC 的热力过程

（a）循环过程；（b）吸热过程的 T-Q

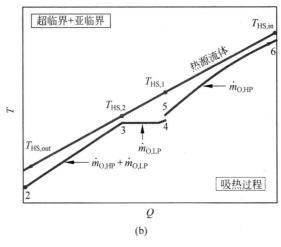

图 4.2（续）

4.2.2　数学模型

为保证 R1234ze(E)超临界吸热过程的实现,并避免高压级的膨胀过程经过工质的两相区,热源的入口温度选取为 $130\sim200℃$[25]。热源流体选取为热水,其出口温度无特殊限制。系统模型的其他边界条件与表 2.2 相同,并采用与 2.2.2 节相同的模型假定。

选取低压级吸热压力($p_{HAP,LP}$)、高压级吸热压力($p_{HAP,HP}$)和高压级蒸气发生器的出口温度(T_6)作为优化参数,选取范围如表 4.1 所示,而低压级蒸发器的出口温度(T_4)选取为低压级吸热压力所对应的下限[25]。低压级吸热压力选取范围的依据可参考 2.2.3 节,而高压级吸热压力下限的选取是为了避免受到工质近临界区物性剧烈变化的影响,其上限的选取是因为 8 MPa 相对安全且易于达到,其他学者也选取 8 MPa 作为跨临界循环的压力上限[215-216]。对于蒸气发生器的出口温度,其下限的确定方法与亚

表 4.1　双压吸热循环的优化参数及其选取范围

优化参数	选取范围的下限	选取范围的上限
低压级吸热压力 $p_{HAP,LP}$	$p_{cond}+100\ kPa$	$0.9p_c$
高压级吸热压力 $p_{HAP,HP}$	$1.1p_c$	8 MPa
蒸气发生器的出口温度 T_6	避免膨胀过程经过两相区[25]	$T_{HS,in}-\Delta T_{HAP,pp}$

临界吸热过程相似,由高压级吸热压力和工质饱和气相线拐点处的熵值共同决定[25]。

双压吸热 ORC 系统的热力性能计算模型与双压蒸发 ORC 系统相同,参考 2.2.2 节。流体的热物理性质源于 REFPROP 9.1 软件[186]。以系统的净输出功最大为优化目标,优化流程参考 2.2.3 节,压力和温度的最小计算间隔分别选取为 10 kPa 和 0.2℃。其中,超临界吸热过程夹点温差的确定方法与非共沸工质冷凝过程夹点温差的确定方法相似,将吸热过程划分为等换热量的 100 节,计算节点处工质与热源流体的换热温差,保证节点处换热温差的最小值与夹点温差相等[25]。

4.3 最佳循环参数

低压级吸热压力的增加有可能缩小高压级循环参数的实际选取范围,原因是吸热过程受夹点温差的约束,热源流体在蒸气发生器出口处的温度($T_{HS,1}$)应高于低压级蒸发器出口温度与吸热过程夹点温差之和($T_4 + \Delta T_{HAP,pp}$),不满足夹点温差约束的工况将被忽略,而低压级蒸发器的出口温度会随低压级吸热压力的增加而升高,导致 $T_{HS,1}$ 的下限逐渐升高。当热源入口温度较高时,$T_{HS,1}$ 会随蒸气发生器出口温度的降低或高压级吸热压力的增大而减小。因此,随低压级吸热压力增加,高压级循环参数的实际选取范围有可能缩小。研究结果表明,当热源入口温度不超过 150℃ 时,随低压级吸热压力增加,高压级循环参数的实际选取范围将保持不变,但当热源入口温度高于 150℃ 时,随低压级吸热压力增加,高压级循环参数的实际选取范围会逐渐缩小。一般而言,热源入口温度越高,高压级循环参数的实际选取范围越小,因为当高压级循环参数一定时,$T_{HS,1}$ 通常会随热源入口温度的升高而降低。此外,蒸气发生器出口温度的选取范围也会随高压级吸热压力的增加而缩小,因为蒸气发生器出口温度的下限会随之升高[25]。总体而言,对于双压吸热循环,优化参数相互约束、互相影响。

高压级吸热压力和蒸气发生器出口温度对双压吸热循环净输出功的影响如图 4.3 所示。

当低压级吸热压力较高时,净输出功一般随高压级吸热压力的增加而增大,如图 4.3(b)和图 4.3(d)所示。而对于较低的低压级吸热压力和低于 160℃ 的热源入口温度,当蒸气发生器的出口温度接近其上限时,净输出功会随高压级吸热压力的增加而减小,如图 4.3(a)所示;当蒸气发生器出口温度距其上限较远时,净输出功一般随高压级吸热压力的增加而增大。对于较低的低压级吸热压力但高于 160℃ 的热源入口温度,当蒸气发生器出口温度较高时,净输出功一般随高压级吸热压力的增加而增大,如图 4.3(c) 所示;当蒸气发生器出口温度较低时,净输出功会随高压级吸热压力的增加先增大后略微减小。此外,划分蒸气发生器出口温度高低的具体标准取决于热源入口温度和低压级吸热压力。

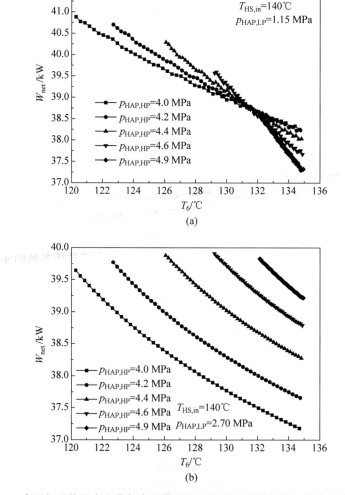

图 4.3 高压级吸热压力和蒸气发生器出口温度对双压蒸发循环净输出功的影响

(a) $T_{HS,in}=140℃$, $p_{HAP,LP}=1.15$ MPa; (b) $T_{HS,in}=140℃$, $p_{HAP,LP}=2.70$ MPa;

(c) $T_{HS,in}=170℃$, $p_{HAP,LP}=1.15$ MPa; (d) $T_{HS,in}=170℃$, $p_{HAP,LP}=2.70$ MPa

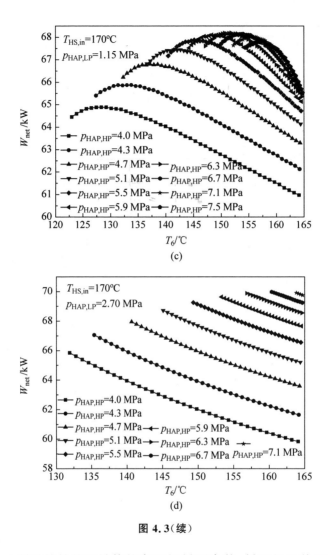

图 4.3(续)

　　图 4.4 所示的是基于最佳的高压级循环参数,低压级吸热压力对双压吸热循环净输出功的影响。

　　随低压级吸热压力增加,净输出功的变化规律主要受两方面因素的影响:首先是低压级吸热压力对系统效率、热源出口温度及高压级循环参数选取范围的影响;其次是高压级循环参数对净输出功的影响。其中,当热源入口温度为 140~150℃时,净输出功随低压级吸热压力的增加先增大后减小,然后继续增大,第一个极值点出现在低压级吸热压力的上、下限

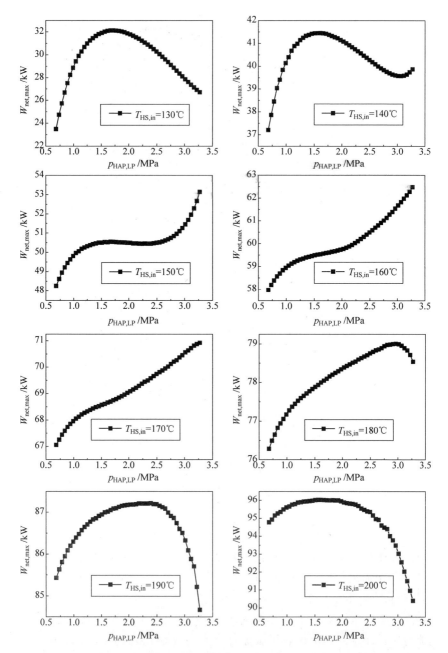

图 4.4　基于最佳的高压级循环参数,低压级吸热压力对
双压吸热循环净输出功的影响

之间,约 1.6 MPa 处,而第二个极值点出现在低压级吸热压力的上限处
(3.27 MPa)。随热源入口温度升高,净输出功在第二个极值点处的增加量
远大于第一个极值点;当第二个极值点处的净输出功超过第一个极值点
时,低压级的最佳吸热压力将发生阶跃变化,如图 4.5 所示。

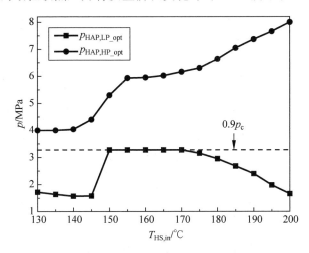

图 4.5　R1234ze(E)双压吸热循环在不同热源入口温度下的最佳吸热压力

图 4.5 是 R1234ze(E)双压吸热循环在不同热源入口温度下的最佳吸
热压力,其具体数值如表 4.2 所示。随热源入口温度升高,低压级的最佳吸
热压力(p_{HAP,LP_opt})先下降后陡增至其上限,之后先保持不变再继续下降。
高压级的最佳吸热压力(p_{HAP,HP_opt})随热源入口温度的升高先保持在其下
限,然后逐渐增加,且增加量先增大,然后由于低压级吸热压力对高压级循
环参数实际选取范围的影响而快速减小,之后再逐渐增大。其中,当热源入
口温度为 170～185℃时,高压级的最佳吸热压力等于其实际选取范围的上
限。虽然对于一些低压级的最佳吸热压力,系统净输出功会随高压级吸热
压力的增加而增大,如热源入口温度为 140～150℃ 的工况,如图 4.3(b)所
示,但是,蒸气发生器出口温度的下限也会随高压级吸热压力的增加而升
高,且系统净输出功会随蒸气发生器出口温度的升高而减小。因此,高压级
的最佳吸热压力会低于其实际选取范围的上限。

图 4.6 所示为 R1234ze(E)双压吸热循环在不同热源入口温度下的低
压级蒸发器出口温度和高压级蒸气发生器的最佳出口温度。

**表 4.2　R1234ze(E)双压吸热循环在不同热源入口温度下的
最佳循环参数及其最大净输出功**

热源入口温度 /℃	低压级最佳吸热 压力/MPa	高压级最佳吸热 压力/MPa	蒸气发生器的最 佳出口温度/℃	最大净输出功 /kW
130	1.72	4.00	120.6	32.1
135	1.64	4.00	120.6	36.8
140	1.57	4.04	121.2	41.5
145	1.58	4.40	126.4	46.1
150	3.27	5.30	137.1	52.9
155	3.27	5.93	146.0	58.1
160	3.27	5.95	152.5	62.5
165	3.27	6.02	159.2	66.8
170	3.27	6.16	165.0	71.0
175	3.15	6.30	169.8	74.9
180	2.95	6.64	174.8	78.9
185	2.68	7.05	179.8	83.0
190	2.40	7.37	184.0	87.2
195	1.98	7.66	187.6	91.5
200	1.66	8.00	189.2	95.9

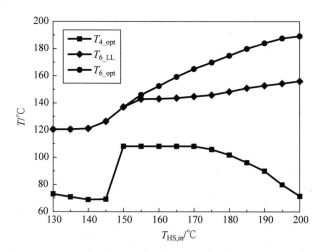

**图 4.6　R1234ze(E)双压吸热循环在不同热源入口温度下的低压级蒸发器
出口温度和高压级蒸气发生器的最佳出口温度**

当热源入口温度不超过 150℃时,高压级蒸气发生器的最佳出口温度(T_{6_opt})等于其下限(T_{6_LL},避免膨胀过程经过两相区),但当热源入口温度高于 150℃时,蒸气发生器的最佳出口温度将高于其下限,且增加量随热源入口温度的升高而增大。此外,当低压级吸热压力较高时,系统净输出功会随蒸气发生器出口温度的升高而降低,如图 4.3(b)和图 4.3(d)所示,但当热源入口温度高于 150℃时,靠近下限的蒸气发生器出口温度会因为 $T_{HS,1}$ 的约束而被忽略。因此,虽然系统净输出功会随蒸气发生器出口温度的升高而降低,但最佳的蒸气发生器出口温度仍高于其下限。

4.4　热力性能的分析对比

本节选取单压蒸发循环、跨临界循环和双压蒸发循环作为比较对象,评估双压吸热循环的热力性能优势及适用的热源温度范围。对于单压蒸发循环、跨临界循环和双压蒸发循环,系统模型的边界条件和假定与双压吸热循环相同。单压蒸发循环和双压蒸发循环的优化参数及选取范围与表 2.3 相同,而跨临界循环选取吸热压力和蒸气发生器出口温度作为优化参数,选取范围与表 4.1 中高压级吸热压力和蒸气发生器出口温度的选取范围相同。性能分析均以系统的净输出功最大为优化目标,优化流程与双压吸热循环相似。

图 4.7 是 4 种循环在最佳工况下的系统效率。随热源入口温度升高,双压吸热循环的系统效率由 9.7%增加到 13.7%,且增加量先增大后减小。与单压蒸发循环相比,当热源入口温度低于 131℃和高于 143℃时,双压吸热循环的系统效率更高,但当热源入口温度为 131~143℃时,其系统效率反而更低,原因在于,单压蒸发循环的最佳蒸发压力(接近上限)虽然略低于高压级的最佳蒸发压力,但显著高于低压级的最佳吸热压力(不超过 1.72 MPa)。此外,当热源入口温度高于约 143℃时,双压吸热循环相对单压蒸发循环的系统效率增加量,会随热源入口温度的增加而增大,这主要归因于高压级最佳吸热压力的增加。其中,当热源入口温度高于约 170℃时,虽然低压级的最佳吸热压力随热源入口温度的升高而减小,但由于低压级的工质流量较小,所以低压级对系统效率和净输出功的影响相对较弱。因此,随热源入口温度升高,双压吸热循环相对于单压蒸发循环的系统效率增加量仍逐渐增大。

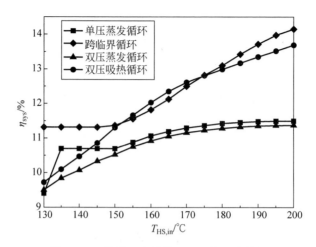

图 4.7　4 种循环在最佳工况下的系统效率

与跨临界循环相比,当热源入口温度为 152～175℃时,双压吸热循环的系统效率更高,原因在于,其高压级的最佳吸热压力明显更高。但当热源入口温度低于 152℃时,由于低压级最佳吸热压力的影响,双压吸热循环的系统效率低于跨临界循环;而当热源入口温度高于 175℃时,由于高压级的最佳吸热压力更低,因此双压吸热循环的系统效率也低于跨临界循环。与双压蒸发循环相比,双压吸热循环的系统效率更高,且增加量随热源入口温度的升高而增加,这主要归因于双压吸热循环的最佳吸热压力更高,且高压级最佳蒸发压力的增加量会随热源入口温度的升高而大幅增加。

图 4.8 是 4 种循环在最佳工况下的热源出口温度。随热源入口温度升高,双压吸热循环的热源出口温度先接近线性下降,由 51.5℃降至 37.1℃,之后虽然会再次下降,但下降量较小。相对于单压蒸发循环,当热源入口温度低于 148℃和高于 180℃时,双压吸热循环的热源出口温度更低。但当热源入口温度为 148～155℃时,双压吸热循环的热源出口温度更高,这主要是由单压蒸发循环中吸热过程夹点温差的位置突变(由工质的蒸发泡点处转移到热源出口处)导致的,如图 2.5 所示。当热源入口温度为 155～180℃时,双压吸热循环的热源出口温度与单压蒸发循环基本相等。相对于跨临界循环,双压吸热循环的热源出口温度明显更低,且下降量随热源入口温度的升高先减小后基本保持不变。相对于双压蒸发循环,双压吸热循环的热源出口温度略高,但系统吸热量的减小量不超过 4.4%。

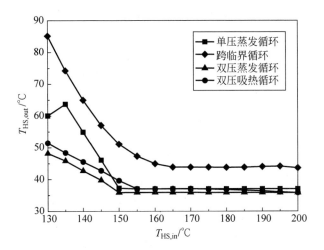

图 4.8 4 种循环在最佳工况下的热源出口温度

4 种循环的最大净输出功如图 4.9 所示。随热源入口温度升高,双压吸热循环的最大净输出功先接近线性增加,然后由于最佳吸热压力的急剧升高(见图 4.5)而快速增大,当热源入口温度高于 150℃时,再变为接近线性增加。对于入口温度为 130~200℃的热源,双压吸热循环的最大净输出功为 32.1~95.9 kW,不同热源入口温度下的具体数值如表 4.2所示。

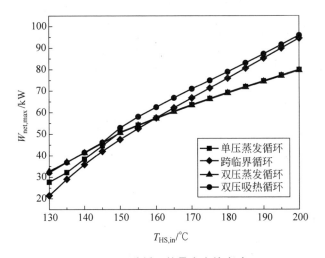

图 4.9 4 种循环的最大净输出功

　　相对于单压蒸发循环,随热源入口温度升高,双压吸热循环的净输出功增加量先减小($T_{HS,in}$＜145℃)后增加;当热源入口温度分别为130℃、145℃和200℃时,净输出功的相对增加量分别为15.9％、3.4％和19.9％。相对于跨临界循环,随热源入口温度升高,双压吸热循环的净输出功增加量先减小($T_{HS,in}$＜145℃)后增加,然后继续减小($T_{HS,in}$＞150℃);当热源入口温度分别为130℃、145℃、150℃和200℃时,净输出功的相对增加量分别为49.8％、9.8％、11.3％和1.5％。相对于双压蒸发循环,当热源入口温度为130～135℃时,双压吸热循环的净输出功略低,但当热源入口温度高于135℃时,双压吸热循环的净输出功高于双压蒸发循环,且增加量随热源入口温度的升高而增大。此外,当热源入口温度为130℃时,双压吸热循环的净输出功仅比双压蒸发循环下降了1.8％,但当热源入口温度为140℃和200℃时,双压吸热循环的净输出功分别增加了0.5％和20.4％。

　　总体而言,跨临界循环相对单压蒸发循环和双压蒸发循环具有更高的系统效率,双压蒸发循环相对于单压蒸发循环和跨临界循环具有更大的系统吸热量。而本章提出的新型双压吸热循环可实现系统效率提高和吸热量增加的兼顾,以及跨临界循环和双压蒸发循环的优势叠加。对于R1234ze(E),当热源入口温度高于135℃时,双压吸热循环具有最大的净输出功,而当热源入口温度低于135℃时,双压吸热循环的净输出功虽然略低于双压蒸发循环(下降量不超过1.8％),但仍显著高于单压蒸发循环和跨临界循环。特别是当热源入口温度高于149℃时,双压蒸发循环相对于常规单压蒸发循环不再具有热力性能优势,而超临界吸热过程的引入,即双压吸热循环,可以进一步增加系统的净输出功,具有突出的热力性能优势,可弥补双压蒸发循环在高温热源下不具有热力性能优势的缺陷。

4.5　㶲性能分析

　　为进一步揭示新型双压吸热循环的热力学完善度及其㶲损分布特征,本节开展了㶲性能分析。循环中各热力过程㶲损及循环㶲效率的计算模型与2.6节相同,环境温度选取为20℃。R1234ze(E)双压吸热循环在最佳工况下的㶲效率如图4.10所示。

　　当热源入口温度为130～200℃时,双压吸热循环的㶲效率(η_{ex})达48.0％～60.0％。其中,循环的内部㶲效率($\eta_{ex,int}$)为61.2％～63.4％,随热源入口温度升高的变化幅度相对较小,而外部㶲效率($\eta_{ex,ext}$)为76.7％～

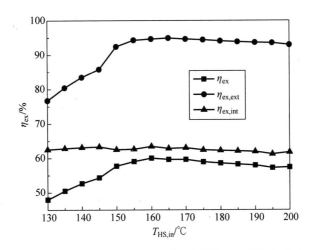

图 4.10　R1234ze(E)双压吸热循环在最佳工况下的㶲效率

94.9%,随热源入口温度的升高先增加后略微减小。特别是当热源入口温度为 150～200℃时,双压吸热循环的外部㶲效率高达 92.4%～94.9%,这说明循环吸热过程的热力学完善度已经足够高,工质与热源流体间的温度匹配程度足够好,而低的内部㶲效率已成为限制热功转换效率提升的关键。

　　循环的外部㶲效率可定量表征工质与热源流体间的温度匹配程度,因此,实验对比了 4 种循环在最佳工况下的外部㶲效率,如图 4.11 所示。相对单压蒸发循环,双压吸热循环的外部㶲效率更高,且增加量会随热源入口温度的升高先减小后增加,再略微减小;当热源入口温度为 130℃时,双压吸热循环的外部㶲效率增加量最大,为 15.9%;而当热源入口温度为145℃时,其外部㶲效率的增加量最小,为 3.4%。相比于跨临界循环,双压吸热循环的外部㶲效率相对增加了 2.3%～53.6%,且增加量会随热源入口温度的升高而减小。相对双压蒸发循环,当热源入口温度低于 135℃时,双压吸热循环的外部㶲效率更低,但相对下降量不超过 1.7%;而当热源入口温度高于 135℃时,双压吸热循环的外部㶲效率更高,且增加量先增大后略微减小,最大的相对增加量为 11.3%。此外,当热源入口温度高于150℃时,双压吸热循环的热源出口温度与单压蒸发循环和双压蒸发循环基本相等,但工质与热源流体间的换热温差更小,使得其外部㶲效率更高。总体而言,当热源入口温度高于 135℃时,双压吸热循环的外部㶲效率最高;而当热源入口温度低于 135℃时,双压吸热循环的外部㶲效率略低于双压蒸发循环,但仍显著高于单压蒸发循环和跨临界循环。

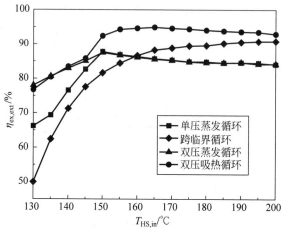

图 4.11　4 种循环在最佳工况下的外部㶲效率

R1234ze(E)双压吸热循环在最佳工况下的㶲损分布特征如图 4.12 所示。当热源入口温度低于 145℃时,吸热、膨胀和放热过程的㶲损占比较为接近,分别为 30.5%～44.7%、24.7%～33.4% 和 27.3%～31.0%。当热源入口温度为 150～200℃时,吸热过程的㶲损占比仅为 12.6%～18.0%,且热源未利用的㶲损占比仅为 2.4%～6.6%,然而,膨胀和放热过程的㶲损占比分别为 34.3%～41.4% 和 34.5%～43.3%。因此,对于双压吸热循

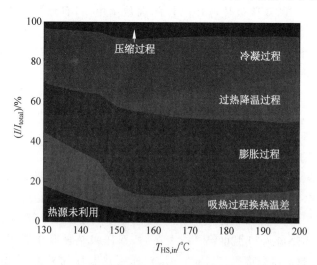

图 4.12　R1234ze(E)双压吸热循环在最佳工况下的㶲损分布特征(见文前彩图)

环,当热源入口温度为 150～200℃时,减少膨胀过程和放热过程的㶲损对于提高热功转换效率更为重要。此外,当热源入口温度为 150～200℃时,蒸气发生器的最佳出口温度会随热源入口温度的升高而快速增加,导致循环中过热降温过程(9→10 过程)的㶲损逐渐增多,占比高达 22.0%。压缩过程的㶲损占比远低于其他热力过程,仅为 3.3%～8.4%。

4.6　不同工质的适用性评估

为进一步评估新型双压吸热循环在提高热功转换效率方面对不同工质的适用性,本节选取 6 种常见的纯工质(R1234yf、R227ea、R1234ze(E)、R600a、R600 和 R245fa)开展对比分析。这 6 种工质在 ORC 系统中均表现出良好的热力性能[25,74,188-196,198,201]。为保证超临界吸热过程的实现,并避免高压级的膨胀过程经过工质的两相区,实验中将 6 种工质划分为两组,对应不同的热源入口温度,如表 4.3 所示。此外,其余 5 种工质的热力性能分析模型与 R1234ze(E)相同,如 4.2 节所述。

表 4.3　6 种工质的临界参数及对应的热源入口温度

工　　质	临界温度/℃	临界压力/MPa	热源入口温度/℃
R1234yf	94.70	3.38	150
R227ea	101.75	2.93	150
R1234ze(E)	109.36	3.63	150
R600a	134.66	3.63	200
R600	151.98	3.80	200
R245fa	154.01	3.65	200

实验选取单压蒸发循环、跨临界循环、双压蒸发循环和双压吸热循环作为研究对象:首先,以系统的净输出功最大为目标,对每种循环的吸热压力/蒸发压力和蒸气发生器/蒸发器出口温度进行优化,确定最佳工况;然后,对比分析 4 种循环在最佳工况下的系统热力性能。基于不同的工质,4 种循环的最大净输出功对比如图 4.13 所示。

研究结果表明,这 6 种纯工质均是双压吸热循环的净输出功最高,相对单压蒸发循环、跨临界循环和双压蒸发循环的增加量分别为 3.2%～14.8%、3.6%～11.3%和 4.0%～15.3%,并且随热源入口温度(更高)与工质临界温度差值的增加,双压吸热循环相对于单压蒸发循环和双压蒸发

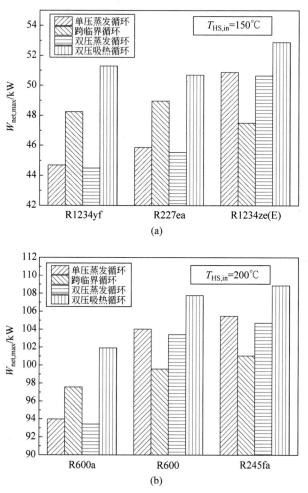

图 4.13　基于不同的工质，4 种循环的最大净输出功对比

(a) 热源入口温度为 150℃；(b) 热源入口温度为 200℃

循环的净输出功增加量逐渐增大。因此，新型双压吸热循环在提高热功转换效率方面，对工质种类有较强的适应性。

4.7　本章小结

本章在双压蒸发循环的基础上，引入了超临界吸热过程以替代高压级的蒸发过程，提出了一种超临界-亚临界吸热过程耦合的新型双压吸热循环,并开展了热力性能分析；获得了新循环在不同工况下的最佳循环参数,分析了系统热力性能的变化规律,建立了新循环的设计准则；评估了新循环相对于其他形式循环的热力性能优势,并探究了其适用工况；揭示了新循环的热力学完善度及其㶲损分布特征。主要结论如下所示。

双压吸热循环相对于单压蒸发循环和双压蒸发循环可显著提高系统效率,相对于跨临界循环可显著增大系统的吸热量,实现了系统效率提高和吸热量增加的兼顾。对于 R1234ze(E),当热源入口温度高于 135℃时,双压吸热循环具有最大的净输出功,相对于单压蒸发循环、跨临界循环和双压蒸发循环可分别增加 19.9%、49.8%和 20.4%。特别是当热源入口温度较高时,双压吸热循环仍可显著提高 ORC 系统的净输出功,弥补了双压蒸发循环在高温热源下相对于单压蒸发循环不再具有热力性能优势的缺陷。

另外,双压吸热循环在提高热功转换效率方面,对工质种类有较强的适应性；对于其余 5 种工质,双压吸热循环的净输出功也是最大的,相对于单压蒸发循环、跨临界循环和双压蒸发循环分别增加了 3.2%～14.8%、3.6%～11.3%和 4.0%～15.3%。

同时,对于 R1234ze(E)双压吸热循环,当热源入口温度为 150～200℃时,循环的外部㶲效率高达 92.4%～94.9%,说明工质与热源流体已实现了良好的温度匹配,而较低的内部㶲效率成为限制热功转换效率提高的关键阻碍,因此减少膨胀过程和放热过程的㶲损变得更加重要。

第 5 章 双压蒸发 ORC 的热经济性能分析

5.1 本章引言

双压蒸发循环通过降低循环与热源间的换热温差,虽然可以显著提高 ORC 系统的热功转换效率,但也会导致换热面积增加,系统总投资成本升高。虽然双压蒸发循环的热力性能更好,但其经济性能可能较差。例如,Wang 等[184]发现,当热源入口温度不超过 120℃时,R600a 双压蒸发循环高于其单压蒸发循环的单位发电成本。然而,目前关于双压蒸发循环的研究主要聚焦热力性能,对其经济性能的研究相对较少。

本章关注纯工质双压蒸发 ORC 系统的热经济性能,以系统的单位投资成本(specific investment cost,SIC)[190]最低为目标,对蒸发压力和蒸发器出口温度开展优化,分析热源条件、换热过程夹点温差和冷源条件对系统热经济性能的影响,并揭示不同工况下的部件购买成本占比;以单压蒸发循环为比较对象,从热经济性能角度评估双压蒸发循环的应用潜力,探究双压蒸发循环的适用工况及适用工质;与之前双压蒸发循环热力性能的研究相互补充,以实现更全面的评价。

5.2 系统建模

5.2.1 系统与工质

纯工质双压蒸发 ORC 的系统布置及其循环过程见图 2.1(b)和图 2.2(b)。系统由逆流管壳式换热器、轴流式透平和离心式工质泵组成。系统建模首先选取典型的纯工质 R245fa 作为研究对象,其具体的物性参数见表 2.1。

热源流体选取为热水,入口温度为 100～200℃,出口温度无特殊限制,压力选取方式与 2.2.2 节相同,流量分别选取为 5 kg/s、10 kg/s 和 15 kg/s。

循环吸热过程的夹点温差分别选取为 5℃、10℃和 15℃。选取冷却水作为冷却流体,其入口温度为 20℃,压力为 101 kPa,在冷凝过程中的温升选取为 5℃。循环冷凝过程的夹点温差选取为 5℃。透平和工质泵的内效率分别选取为 0.8 和 0.75。此外,为简化分析,本节采用与 2.2.2 节相同的模型假定。

5.2.2　数学模型

纯工质双压蒸发 ORC 系统的热力性能计算模型见 2.2.2 节。对于逆流管壳式换热器,工质在管内流动以更好地避免泄漏并减少充注量[148],热源流体和冷却水在管外流动。每个换热过程被划分为等换热量的 20 节,以计算其换热面积,换热过程的总换热面积为

$$A = \sum_{i=1}^{20} A_i = \sum_{i=1}^{20} \frac{Q_i}{\Delta T_{m,i} U_i} \tag{5-1}$$

式中,A_i、Q_i、$\Delta T_{m,i}$ 和 U_i 分别是第 i 节的换热面积、换热量、对数平均换热温差和整体换热系数。

第 i 节的对数平均换热温差为

$$\Delta T_{m,i} = \frac{\Delta T_{max,i} - \Delta T_{min,i}}{\ln(\Delta T_{max,i}/\Delta T_{min,i})} \tag{5-2}$$

式中,$\Delta T_{max,i}$ 和 $\Delta T_{min,i}$ 分别是第 i 节的最大换热温差和最小换热温差。

第 i 节的整体换热系数为[148]

$$\frac{1}{U_i} = \frac{1}{\alpha_i} \frac{d_o}{d_i} + R_i \frac{d_o}{d_i} + R_o + \frac{\delta_{wall}}{\lambda_{wall}} \frac{d_o}{d_m} + \frac{1}{\alpha_o} \tag{5-3}$$

式中,α_i 和 α_o 分别表示管内和管外的对流换热系数;d_i、d_o 和 d_m 分别是换热管的内径、外径和平均直径;R_i 和 R_o 分别是管内和管外的污垢热阻;δ_{wall} 是换热管的壁厚;λ_{wall} 是管壁的导热系数。换热器的参数选取如表 5.1 所示,各换热过程中对流换热系数的计算模型如表 5.2 所示。此外,在双压蒸发循环中,工质在预热器、低压蒸发器和高压蒸发器中的质量流率相同。

表 5.1　换热器的参数选取[148]

参　　数	数　　值
换热管的内径/mm	20
换热管的外径/mm	24

续表

参　　数	数　　值
管壁的导热系数/(W/(m・K))	12(不锈钢)
管内的污垢热阻/(m² · K/W)	1.7×10^{-4}
管外的污垢热阻/(m² · K/W)	3.4×10^{-4}(热源流体)，1.7×10^{-4}(冷却水)
热源流体的入口流速/(m/s)	1
冷却水的入口流速/(m/s)	1
工质的入口流速/(m/s)	1(预热器)，8(冷凝器)

表 5.2　各换热过程中对流换热系数的计算模型

流体和换热过程	计　算　模　型
热源流体和冷却水[217]	$\alpha = \dfrac{\lambda}{d}\left\{0.3 + \dfrac{0.62 Re^{1/2} Pr^{1/3}}{[1+(0.4/Pr)^{2/3}]^{1/4}}\left[1+\left(\dfrac{Re}{282\,000}\right)^{5/8}\right]^{4/5}\right\}$
工质的预热、过热和过热降温过程[218]	$\alpha = \dfrac{\lambda}{d}\left[\dfrac{(f/8)(Re-1000)Pr}{1+12.7(f/8)^{1/2}(Pr^{2/3}-1)}\right]$ $f = [0.79\ln(Re)-1.64]^{-2}$
工质的冷凝过程[219]	$\alpha = \dfrac{\lambda}{d}\left\{0.023 Re_L^{0.8} Pr_1^{0.4}\left[(1-x)^{0.8} + \dfrac{3.8 x^{0.76}(1-x)^{0.04}}{p^{*\,0.38}}\right]\right\}$ $Re_L = G d_i/\mu_1,\ p^* = p_{cond}/p_c$ $\alpha = \sqrt{(F\alpha_{ce})^2 + (S\alpha_{nb})^2}$ $F = \left[1 + x Pr_1\left(\dfrac{\rho_1}{\rho_g}-1\right)\right]^{0.35}$
工质的蒸发过程[220-221]	$\alpha_{ce} = 0.023\left(\dfrac{\lambda_1}{d_i}\right) Re_L^{0.8} Pr_1^{0.4}$ $Re_L = G d_i/\mu_1$ $S = [1 + 0.055 F^{0.1} Re_L^{0.16}]^{-1}$ $\alpha_{nb} = 55 p_r^{0.12} q^{2/3}(-\lg p_r)^{-0.55} M^{-0.5}$ $p_r = p_e/p_c$

注：λ、Re、Pr、x、G、μ、ρ 和 M 分别是流体的导热系数、雷诺数、普朗特数、干度、质量流率、动力粘度、密度和摩尔质量；F 和 S 分别表示强化因子和抑制因子；α_{ce} 和 α_{nb} 分别表示蒸发过程中的强迫对流换热系数和池沸腾换热系数；q 是热流密度。

在 ORC 系统中，设备的基础购买成本（C_p^0）可采用式（5-4）进行评估[222]：

$$\lg C_p^0 = K_1 + K_2 \lg Y + K_3(\lg Y)^2 \tag{5-4}$$

式中，K_1、K_2 和 K_3 是常数，具体的数值如表 5.3 所示；Y 对于换热器表示换热面积（m^2），而对于透平和工质泵则表示功量（kW）。

考虑设备材料和运行压力的影响，设备的购买成本修正为[222]

$$\text{PEC} = C_p^0 F_{\text{BM}} = C_p^0 (B_1 + B_2 F_{\text{M}} F_p) \tag{5-5}$$

式中，B_1 和 B_2 是常数；F_{M} 和 F_p 分别表示设备的材料因子和压力因子。B_1、B_2、F_{M} 的具体取值如表 5.3 所示，而 F_p 的计算公式为[222]

$$\lg F_p = C_1 + C_2 \lg(10p - 1) + C_3 [\lg(10p - 1)]^2 \tag{5-6}$$

式中，C_1、C_2 和 C_3 是常数，具体的数值如表 5.3 所示；p 表示运行压力（MPa）。

表 5.3　设备购买成本计算模型中的变量选取[222]

部件	K_1	K_2	K_3	F_{BM}	B_1	B_2	F_{M}	C_1	C_2	C_3	p/MPa
透平	2.7051	1.4398	−0.1776	3.4	—	—	—	—	—	—	—
换热器	4.3247	−0.303	0.1634		1.63	1.66	1.8	0	0	0	<0.6
								−0.001 64	−0.006 27	0.0123	0.6~14.1
工质泵	3.3892	0.0536	0.1538		1.89	1.35	1.6	0	0	0	<1.1
								−0.3935	0.3957	−0.002 26	1.1~10.1

考虑通货膨胀的影响，设备的购买成本进一步修正为

$$\text{PEC}_{2018} = \text{PEC}_{2001} \frac{\text{CEPCI}_{2018}}{\text{CEPCI}_{2001}} \tag{5-7}$$

式中，CEPCI 是化工设备成本指数；CEPCI_{2018} 为 603.1[223]；而 CEPCI_{2001} 为 397[222]。

ORC 系统的总投资成本为

$$\text{PEC}_{\text{sys}} = 6.32 \sum_{i=1}^{n} \text{PEC}_i = 6.32 \text{PEC}_{\text{total}} \tag{5-8}$$

式中，PEC_i 和 $\text{PEC}_{\text{total}}$ 分别是各部件的购买成本和部件的总购买成本；而修正系数 6.32 表示与部件总购买成本相关的附加成本，包括控制系统、基础工程、安装施工和占地成本等[152,183,211]。

ORC 系统的单位投资成本定义为[190]

$$\text{SIC} = \frac{\text{PEC}_{\text{sys}}}{W_{\text{net}}} \tag{5-9}$$

式中，W_{net} 是 ORC 系统的净输出功。

对于双压蒸发 ORC 系统,选取高压级蒸发压力($p_{e,HP}$)、低压级蒸发压力($p_{e,LP}$)和高压级蒸发器的出口温度(T_7)作为优化参数,以系统的单位投资成本(SIC)最低为优化目标。优化参数的选取范围与表 2.3 相同,低压级蒸发器的出口温度(T_4)选取为低压级蒸发压力所对应的出口温度下限[25],优化流程与 2.2.3 节相同。采用 REFPROP 9.1 软件计算流体的热物理性质[186]。

5.3　最佳循环参数

R245fa 双压蒸发 ORC 系统的最佳循环参数如图 5.1 所示。当吸热过程夹点温差为 5℃ 时,随热源入口温度升高,高压级的最佳蒸发压力(p_{e,HP_opt})逐渐增大,且增加量先增大($T_{HS,in}<180℃$)后由于选取范围上限的约束而减小,如图 5.1(a)所示。随热源入口温度升高,低压级最佳蒸发压力(p_{e,LP_opt})的变化规律与高压级最佳蒸发压力相似,但其增加量会在热源入口温度 160℃ 处开始减小。低压级蒸发器的出口温度等于低压级最佳蒸发压力所对应的下限,因此它随热源入口温度升高的变化规律与低压级最佳蒸发压力相似。高压级蒸发器的最佳出口温度随热源入口温度的升高而增加,且增加量逐渐增大。此外,当热源入口温度低于 180℃ 时,高压级蒸发器的最佳出口温度等于其下限,说明采用最小的过热度有利于获得

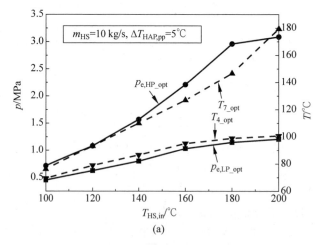

图 5.1　R245fa 双压蒸发 ORC 系统的最佳循环参数
(a)吸热过程夹点温差 5℃;(b)吸热过程夹点温差 15℃

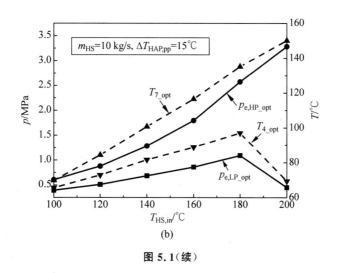

图 5.1（续）

最低的单位投资成本,但当热源入口温度高于 180℃时,高压级蒸发器的最佳出口温度大于其下限,说明为获得最低的单位投资成本,应采用合适的过热度。

对于不同的吸热过程夹点温差,最佳循环参数随热源入口温度升高的变化规律有所不同,原因在于,吸热过程夹点温差的增加不仅会缩小循环参数的实际选取范围,还会显著降低预热器和蒸发器的购买成本,改变系统中的部件购买成本占比,从而影响最佳循环参数的选取。当吸热过程夹点温差为 15℃时,随热源入口温度升高,最佳循环参数的变化规律如图 5.1(b)所示。对于高压级和低压级的蒸发器,采用最小的过热度有利于获得最低的单位投资成本。另外,当吸热过程夹点温差为 10℃时,最佳循环参数随热源入口温度升高的变化规律与图 5.1(b)相似。

此外,随吸热过程夹点温差增加,最佳蒸发压力一般倾向降低。然而,当热源入口温度较高时,最佳蒸发压力反而有可能增大,如热源入口温度为 200℃的工况。原因在于,当热源入口温度足够高时,蒸发压力的实际选取范围上限不再受吸热过程夹点温差的限制,且蒸发压力的增加有助于减少热源流体与工质间的㶲损,从而获得更多的净输出功,降低系统的单位投资成本。

对于不同的热源流量,最佳循环参数随热源入口温度升高的变化规律相似。但随热源流量增加,高压级和低压级的最佳蒸发压力均倾向增大,尤其是对于热源入口温度较高的工况。

5.4 系统热经济性能

5.4.1 最小单位投资成本

R245fa 双压蒸发 ORC 系统的最小单位投资成本如图 5.2 所示。随热源入口温度升高,系统的最小单位投资成本会逐渐降低但下降量逐渐减小。当吸热过程夹点温差为 5℃时,双压蒸发 ORC 系统在 200℃热源下的最小单位投资成本,仅是它在 100℃热源下的 34.8%~35.4%。对于不同的热源流量,最小单位投资成本随热源入口温度升高的下降幅度基本一致,但热源流量的增加将大幅降低双压蒸发 ORC 系统的最小单位投资成本。当吸热过程夹点温差为 5℃时,双压蒸发 ORC 系统在 15 kg/s 热源流量下的最小单位投资成本,仅是它在 5 kg/s 热源流量下的 58.5%~59.7%。原因在于,随热源流量增加,双压蒸发 ORC 系统的净输出功将会等比例增加,但各部件的购买成本并不会等比例增加。例如,透平的购买成本随输出功的增多而增加但增加量逐渐减小[224],这有助于降低系统的最小单位投资成本。总体而言,对于入口温度高、流量大的热源,双压蒸发 ORC 系统可以获得更低的单位投资成本。

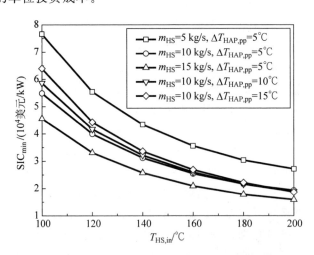

图 5.2 R245fa 双压蒸发 ORC 系统的最小单位投资成本

对于双压蒸发 ORC 系统,当热源入口温度较高时,增大吸热过程的夹点温差有利于降低最小单位投资成本,但当热源入口温度较低时,增大吸热过程的夹点温差将导致最小单位投资成本升高。增大吸热过程的夹点温差可以增大工质与热源流体间的换热温差,从而降低预热器和蒸发器的购买成本,但也会增大循环与热源间的换热㶲损,导致系统的净输出功降低。当热源入口温度较低时,由于冷热源的温差较小,吸热过程夹点温差增大对净输出功降低的影响更显著,导致系统的最小单位投资成本升高。然而,随热源入口温度升高,此影响逐渐减弱,吸热过程夹点温差增大对于降低预热器和蒸发器的购买成本的影响逐渐增强,有利于系统最小单位投资成本的降低,因此,当热源入口温度足够高时,吸热过程夹点温差的增大会降低系统的最小单位投资成本。在图 5.2 所示的工况条件下,相对 5℃的吸热过程夹点温差,当热源入口温度为 100℃时,15℃吸热过程夹点温差下的最小单位投资成本增加了 16.5%,但当热源入口温度为 200℃时,其最小单位投资成本反而降低了 3.4%。

总体而言,入口温度高、流量大的热源有利于双压蒸发 ORC 系统获得更低的单位投资成本。当热源入口温度足够高时,增大吸热过程的夹点温差才有利于降低单位投资成本。

5.4.2　部件成本占比

R245fa 双压蒸发 ORC 系统中各部件的购买成本占比如图 5.3 所示。透平的购买成本(PEC_T)最高,而工质泵的购买成本(PEC_P)最低,在绝大多数工况下,冷凝器的购买成本(PEC_{HRP})高于预热器和蒸发器的总购买成本(PEC_{HAP})。在图 5.3(a)所示的工况下,预热器和蒸发器、透平、冷凝器和工质泵的购买成本占比分别为 19.4%～25.7%、42.5%～50.6%、26.9%～29.1%和 2.5%～3.4%。

热源流量也影响着系统中各部件的购买成本占比。以 5℃的吸热过程夹点温差为例:预热器和蒸发器的总购买成本占比随热源流量的增加而降低,且下降量会随热源入口温度的升高而减小。对于热源流量为 5 kg/s、10 kg/s 和 15 kg/s 的工况,当热源入口温度为 100℃时,预热器和蒸发器的总购买成本占比分别为 30.6%、25.7%和 23.7%;而当热源入口温度为 180℃时,预热器和蒸发器的总购买成本占比降为 21.5%、20.3%和 20.0%。对于透平,当热源入口温度较低时,热源流量的增加会增大其购买成本占比,但当热源入口温度较高时,热源流量的增加将降低其购买成本占比。对于热源流量为 5 kg/s、10 kg/s 和 15 kg/s 的工况,当热源入口温度为 100℃时,透平的购买成本占比分别为 37.0%、42.5%和 44.1%,而当热

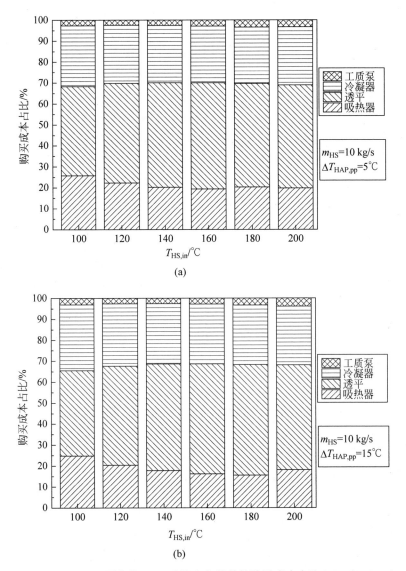

图 5.3　R245fa 双压蒸发 ORC 系统中各部件的购买成本占比（PEC/PEC$_{total}$）

(a) 吸热过程夹点温差 5℃；(b) 吸热过程夹点温差 15℃

源入口温度为 180℃ 时，透平的购买成本占比分别为 51.2%、49.4% 和 46.8%。冷凝器的购买成本占比会随热源流量的增加而增大，且增加量随热源入口温度的升高而增大。当热源流量由 5 kg/s 增加到 15 kg/s 时，对于 100℃的热源入口温度,冷凝器的购买成本占比将由 28.8% 增加到 29.9%,而对于 200℃的热源入口温度,冷凝器的购买成本占比将由 24.4% 增加到 30.8%。工质泵购买成本占比随热源流量增加的变化规律与透平相反,但绝对变化量较小,不超过 0.9%。

一方面,在双压蒸发 ORC 系统中,吸热过程夹点温差的增加会降低预热器和蒸发器的总购买成本占比,增大冷凝器的购买成本占比,尽管增加量较小。当热源入口温度较低时,吸热过程夹点温差的增加将降低透平的购买成本占比,但当热源入口温度较高时,吸热过程夹点温差的增加反而会增大透平的购买成本占比。随吸热过程夹点温差增加,工质泵购买成本占比的绝对变化量较小。另一方面,吸热过程夹点温差的增加会改变各部件购买成本占比随热源入口温度升高的变化规律,如图 5.3(b)所示。

5.5　与单压蒸发循环对比

本节选取常规的单压蒸发循环作为比较对象,评估双压蒸发循环的热经济性能优势。单压蒸发 ORC 的系统布置及其循环过程分别见图 2.1(a)和图 2.2(a),热力性能的计算模型见 2.2.2 节,换热面积和系统经济性能的计算模型与双压蒸发 ORC 系统相同,见 5.2.2 节。本节选取与双压蒸发 ORC 系统相同的模型条件和假定,以系统的单位投资成本最低为目标,对单压蒸发 ORC 系统的蒸发压力和蒸发器出口温度进行优化,优化参数的选取范围与表 2.3 相同。

研究结果表明,对于单压蒸发 ORC 系统,随热源入口温度、热源流量和吸热过程夹点温差的增加,最小单位投资成本的变化规律与双压蒸发 ORC 系统相似。单压蒸发 ORC 系统和双压蒸发 ORC 系统在不同热源条件下的最小单位投资成本对比如图 5.4 所示。双压蒸发 ORC 系统的最小单位投资成本一般高于单压蒸发 ORC 系统,且相对增加量一般随热源入口温度的升高先减小后增大。如图 5.4(a)所示,随热源入口温度由 100℃升高到 140℃,双压蒸发 ORC 系统相对单压蒸发 ORC 系统的单位投资成本增加量 $[(SIC_{DP}-SIC_{SP})/SIC_{SP}]$ 由 5.9% 降到 3.3%;之后随热源入口温度升高,单位投资成本的相对增加量逐渐增大,当热源入口温度为 200℃时,相对增加量达 6.5%。

热源流量的增加可显著减少双压蒸发 ORC 系统的单位投资成本增加量。当热源流量较大时,双压蒸发 ORC 系统的单位投资成本可以低于单

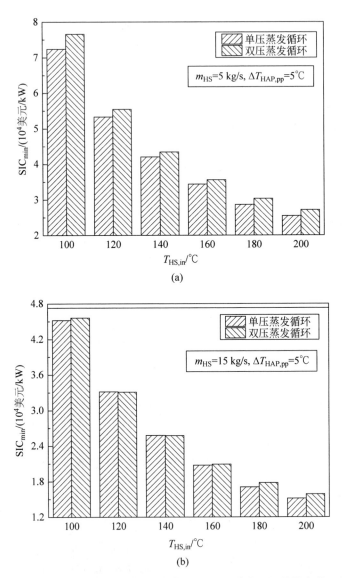

图 5.4　单压蒸发 ORC 系统和双压蒸发 ORC 系统在不同热源条件下的最小单位投资成本对比

(a) 热源流量 5 kg/s；(b) 热源流量 15 kg/s

压蒸发 ORC 系统。例如，当热源入口温度为 $120\sim140℃$ 且热源流量为 15 kg/s 时，双压蒸发 ORC 系统的最小单位投资成本比单压蒸发 ORC 系统低 0.2%，如图 5.4(b)所示。此外，当热源入口温度为 100℃ 时，随热源流量由 5 kg/s 增加到 15 kg/s，双压蒸发 ORC 系统的单位投资成本增加量由 5.9% 降到 0.9%。而对于入口温度为 160～200℃ 的热源，当热源流量分别为 5 kg/s、10 kg/s 和 15 kg/s 时，双压蒸发 ORC 系统的单位投资成本增加量分别为 3.5%～6.5%、1.5%～5.3% 和 0.8%～4.9%。总体而言，热源入口温度和热源流量对双压蒸发 ORC 系统的热经济性能优势发挥着关键影响，在实际工程中采用双压蒸发 ORC 系统，热源入口温度和热源流量的合适选取至关重要。

　　基于不同的热源条件，单压蒸发 ORC 系统和双压蒸发 ORC 系统在最佳工况下的净输出功对比如图 5.5 所示。在获得最小单位投资成本的最佳工况下，双压蒸发 ORC 系统的净输出功始终大于单压蒸发 ORC 系统，且增加量随热源入口温度的降低而增大。当热源流量分别为 5 kg/s、10 kg/s 和 15 kg/s 时，双压蒸发 ORC 系统的净输出功分别相对增加了 5.4%～26.0%、5.5%～26.0% 和 5.5%～26.0%。另外，热源流量的增加有可能改变单压蒸发 ORC 系统和双压蒸发 ORC 系统的最佳循环参数，从而改变两者净输出功的对比结果，但变化幅度相对较小，绝对的变化量不超过2.1%。

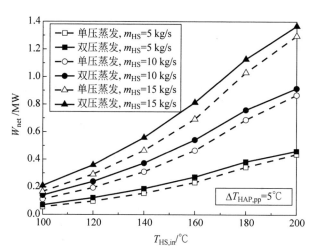

图 5.5　基于不同的热源条件，单压蒸发 ORC 系统和双压蒸发 ORC 系统在最佳工况下的净输出功对比

　　对于单压蒸发 ORC 系统和双压蒸发 ORC 系统，吸热过程夹点温差对两者最小单位投资成本的对比结果也有显著影响，如图 5.6 所示。当热源入口温度为 100℃时,双压蒸发 ORC 系统的最小单位投资成本更高,且增加量随吸热过程夹点温差的增加先减小后增大,如图 5.6(a)所示;当吸热过程夹点温差分别为 5℃、10℃和 15℃时,双压蒸发 ORC 系统的单位投资成本增加量分别为 2.4%、2.0% 和 2.2%。但当热源入口温度为 120～200℃时,随吸热过程夹点温差增加,双压蒸发 ORC 系统的单位投资成本

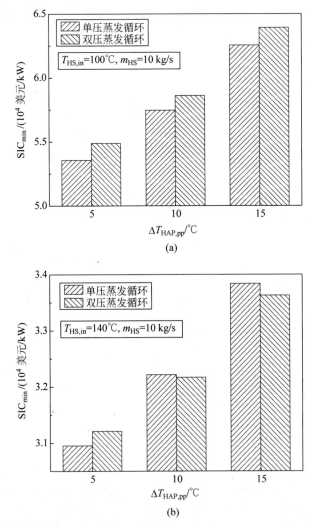

图 5.6　单压蒸发 ORC 系统和双压蒸发 ORC 系统在不同吸热过程夹点温差下的最小单位投资成本对比

(a) 热源入口温度 100℃; (b) 热源入口温度 140℃; (c) 热源入口温度 180℃

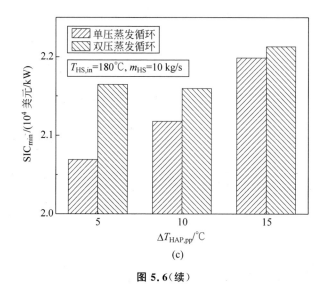

图 5.6(续)

增加量整体看会逐渐减小,如图 5.6(b)和图 5.6(c)所示。这说明,大的吸热过程夹点温差有助于削弱双压蒸发 ORC 系统的热经济性能劣势。特别是对于较大的吸热过程夹点温差,双压蒸发 ORC 系统的最小单位投资成本可以低于单压蒸发 ORC 系统。

如图 5.6(b)所示,相比于单压蒸发 ORC 系统,当吸热过程夹点温差为 5℃时,双压蒸发 ORC 系统的最小单位投资成本增加了 0.8%,但当吸热过程夹点温差分别为 10℃和 15℃时,双压蒸发 ORC 系统的最小单位投资成本分别下降 0.2%和 0.6%。当热源入口温度为 180℃时,双压蒸发 ORC 系统的最小单位投资成本虽然仍高于单压蒸发 ORC 系统,但当吸热过程夹点温差由 5℃增加到 15℃时,相对增加量则由 4.6%降到了 0.7%,如图 5.6(c)所示。

第 2 章的研究结果表明,吸热过程夹点温差的增加会增大双压蒸发循环相对于单压蒸发循环的净输出功增加量,而吸热过程夹点温差的增加也会降低 ORC 系统中预热器和蒸发器的总购买成本,并且双压蒸发循环相对于单压蒸发循环在预热器和蒸发器的总购买成本方面的相对增加量也会显著减小。因此,增大吸热过程夹点温差可以增强双压蒸发 ORC 系统的热经济性能优势。

基于不同的吸热过程夹点温差,单压蒸发 ORC 系统和双压蒸发 ORC 系统在最佳工况下的净输出功对比如图 5.7 所示。当热源入口温度不超过

180℃时,增大吸热过程夹点温差有助于双压蒸发 ORC 系统获得更大的净输出功增加量。如图 5.7(a)所示,对于入口温度为 100℃的热源,当吸热过程夹点温差分别为 5℃、10℃和 15℃时,双压蒸发 ORC 系统的净输出功增加量分别为 26.0%、29.0%和 30.6%。对于入口温度为 180℃的热源,当吸热过程夹点温差分别为 5℃、10℃和 15℃时,双压蒸发 ORC 系统的净输

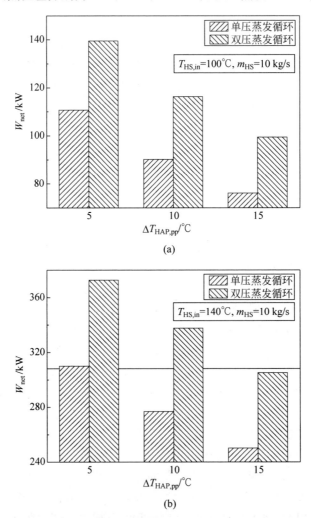

(a)

(b)

图 5.7　基于不同的吸热过程夹点温差,单压蒸发 ORC 系统和双压蒸发

ORC 系统在最佳工况下的净输出功对比

(a) 热源入口温度 100℃;(b) 热源入口温度 140℃;(c) 热源入口温度 180℃

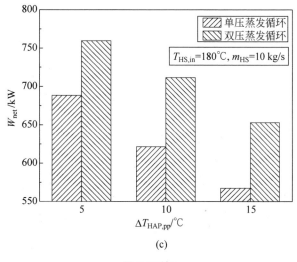

图 5.7（续）

出功增加量分别为 10.4％、14.5％ 和 15.0％，如图 5.7（c）所示。此外，对于入口温度为 140℃ 的热源，当吸热过程夹点温差分别为 10℃ 和 15℃ 时，双压蒸发 ORC 系统不仅最小单位投资成本低于单压蒸发 ORC 系统，其净输出功也更大，相对增加量达 21.9％，如图 5.7（b）所示。然而，对于入口温度为 200℃ 的热源，增大吸热过程夹点温差反而会降低双压蒸发 ORC 系统的净输出功增加量，当吸热过程夹点温差分别为 5℃、10℃ 和 15℃ 时，双压蒸发 ORC 系统的净输出功增加量分别为 5.5％、5.3％ 和 3.1％。原因主要在于，当热源入口温度为 200℃ 时，随吸热过程夹点温差增加，ORC 系统的最佳蒸发压力逐渐增加而非下降，如 5.3 节所述。最佳蒸发压力变化规律的不同，导致双压蒸发 ORC 系统净输出功增加量的变化规律也不同。

　　单压蒸发 ORC 系统和双压蒸发 ORC 系统在最佳工况下的部件购买成本对比如图 5.8 所示。双压蒸发 ORC 系统的部件总购买成本均高于单压蒸发 ORC 系统，原因在于，相对于单压蒸发 ORC 系统，双压蒸发 ORC 系统可大幅降低热源出口温度，从而增大系统的吸热量和工质流量。因此，双压蒸发 ORC 系统的透平输出功、冷凝器放热量和工质泵耗功率更高，进而导致透平、冷凝器和工质泵的购买成本增加，而系统吸热量的增加和循环与热源间换热温差的显著减小，是导致预热器和蒸发器总购买成本显著升高的主要原因。

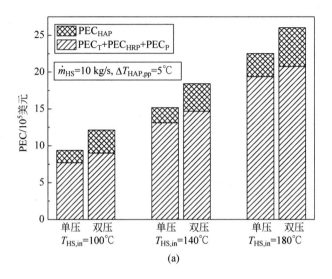

(a)

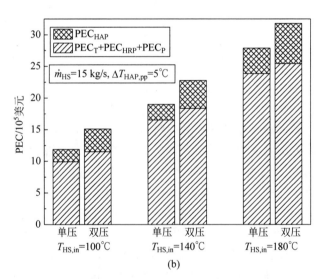

(b)

图 5.8　单压蒸发 ORC 系统和双压蒸发 ORC 系统在最佳工况下的部件购买成本对比

(a) $\dot{m}_{HS} = 10$ kg/s, $\Delta T_{HAP,pp} = 5℃$；(b) $\dot{m}_{HS} = 15$ kg/s, $\Delta T_{HAP,pp} = 5℃$；

(c) $\dot{m}_{HS} = 10$ kg/s, $\Delta T_{HAP,pp} = 15℃$

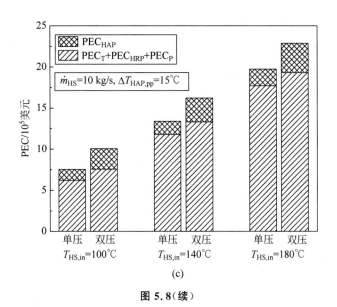

图 5.8（续）

　　预热器和蒸发器总购买成本的大幅增加是导致双压蒸发 ORC 系统单位投资成本更高的主要原因。对于图 5.8(a)所示的工况,当热源入口温度分别为 100℃和 180℃时,相比于单压蒸发 ORC 系统,双压蒸发 ORC 系统在最佳工况下的净输出功分别相对增加了 26.0％和 10.4％;透平、冷凝器和工质泵的总购买成本分别相对增加了 16.8％和 7.1％,增加量明显低于净输出功的增加量;但预热器和蒸发器的总购买成本分别相对增加了 85.3％和 66.7％,且双压蒸发 ORC 系统中的预热器和蒸发器的总购买成本占比分别为 25.7％和 20.3％,对热经济性能有重要影响。双压蒸发 ORC 系统虽然具有突出的热力性能优势,但当热源入口温度分别为 100℃和 180℃时,其最小单位投资成本高于单压蒸发 ORC 系统,分别相对增加了 2.4％和 4.6％。

　　此外,即使是对于双压蒸发 ORC 系统单位投资成本更低的工况,预热器和蒸发器总购买成本的显著升高,也会严重削弱双压蒸发 ORC 系统的热经济性能优势。例如,对于图 5.8(b)中热源入口温度为 140℃的工况,相对单压蒸发 ORC 系统,双压蒸发 ORC 系统的净输出功增加了 20.2％,增加量较大,而透平、冷凝器和工质泵的总购买成本仅相对增加了 11.3％,显著低于净输出功的相对增加量。但预热器和蒸发器的总购买成本相对增加了 78.0％,且预热器和蒸发器的总购买成本在双压蒸发 ORC 系统中的占比为 19.3％,这导致双压蒸发 ORC 系统的最小单位投资成本仅相对下降

0.2%。对于图 5.8(c)中热源入口温度为 140℃的工况,相对于单压蒸发 ORC 系统,双压蒸发 ORC 系统的最小单位投资成本下降了 0.6%,然而其净输出功的相对增加量高达 21.7%。预热器和蒸发器的总购买成本相对增加了 81.0%,这是导致双压蒸发 ORC 系统单位投资成本下降量较小的主要原因。

5.6　预热器和蒸发器中工质流率的影响

工质在预热器和蒸发器中的质量流率($G = \rho v$)会影响其购买成本,进而对双压蒸发 ORC 系统的热经济性能及相对单压蒸发 ORC 系统的热经济性能优势产生影响。本节采用工质在预热器入口处的流速来表征预热器和蒸发器中工质的质量流率大小,其选取范围为 0.5~1.5 m/s。热源流量和吸热过程的夹点温差分别选取为 10 kg/s 和 5℃,其他模型条件均与 5.2 节相同。

对于双压蒸发 ORC 系统,增大工质在预热器和蒸发器中的质量流率并不会改变最佳循环参数随热源入口温度升高的变化规律,但会在热源入口温度较高时降低最佳蒸发压力。增大工质的质量流率还有助于获得更高的换热系数,降低预热器和蒸发器的购买成本,从而降低系统的最小单位投资成本,同时,还可以增大系统在最佳工况下的净输出功。当工质在预热器入口处的流速由 0.5 m/s 增加到 1.5 m/s 时,双压蒸发 ORC 系统的最小单位投资成本下降了 1.5%~3.4%,下降量随热源入口温度的升高而增大,且最佳工况下的净输出功最多也可增加 2.8%。因此,增大工质在预热器和蒸发器中的质量流率有助于提升双压蒸发 ORC 系统的热经济性能。

另外,对于预热器和蒸发器,增大工质的质量流率会降低它在 ORC 系统中的购买成本占比,且下降量随热源入口温度的升高而增大。对于入口温度为 140℃的热源,当工质在预热器入口处的流速分别为 0.5 m/s、1.0 m/s 和 1.5 m/s 时,双压蒸发 ORC 系统中的预热器和蒸发器的总购买成本占比分别为 21.3%、20.2%和 19.8%。而透平、冷凝器和工质泵的购买成本占比均随工质质量流率的增加而增大,但增加量相对较小。另外,对于不同的工质质量流率,随热源入口温度升高,部件购买成本占比的变化规律相似。

此外,增大工质在预热器和蒸发器中的质量流率,可以降低双压蒸发 ORC 系统相对于单压蒸发 ORC 系统的单位投资成本增加量,且双压蒸

ORC 系统的净输出功相对增加量也随之增大。当热源入口温度为 180℃
时,随工质在预热器入口处的流速由 0.5 m/s 增加到 1.5 m/s,双压蒸发
ORC 系统的单位投资成本增加量由 5.1% 降到 4.4%,而其净输出功的增
加量则由 8.6% 增加到 11.6%。

　　总体而言,增大工质在预热器和蒸发器中的质量流率有助于增强双压
蒸发 ORC 系统的热经济性能,以及它相对于单压蒸发 ORC 系统的热经济
性能优势,更有利于促进双压蒸发 ORC 系统的应用。

5.7　冷凝过程夹点温差和冷却水温升的影响

　　本节关注冷凝过程夹点温差和冷却水温升对双压蒸发 ORC 系统的热
经济性能及它与单压蒸发 ORC 系统的对比结果的影响。热源流量选取为
5 kg/s,对于吸热和冷凝过程的夹点温差及冷凝过程中的冷却水温升,选取
4 种组合,$\Delta T_{\mathrm{HAP,pp}}/\Delta T_{\mathrm{HRP,pp}}/\Delta T_{\mathrm{cool}}$ 分别为 10℃/5℃/5℃、10℃/10℃/
5℃、5℃/5℃/5℃ 和 5℃/5℃/15℃,其他模型条件均与 5.2 节相同。

　　首先,对于双压蒸发 ORC 系统,增大冷凝过程的夹点温差和冷却水温
升并不会改变最佳循环参数随热源入口温度升高的变化规律。当热源入口
温度不超过 160℃ 时,增大冷却水温升会使最佳蒸发压力增加,但当热源入
口温度为 180~200℃ 时,增大冷却水温升反而会使最佳蒸发压力降低。增
大冷凝过程夹点温差对最佳蒸发压力的影响与增大冷却水温升相似,原因
在于,增大冷凝过程夹点温差和冷却水温升均会升高冷凝压力,从而减少系
统的净输出功并缩小蒸发压力的选取范围,但同时也会显著降低冷凝器的
购买成本。因此,从对最佳循环参数和系统热经济性能的影响角度出发,增
大冷凝过程夹点温差和增大冷却水温升的效果是相似的。

　　其次,一方面,当冷凝过程夹点温差由 5℃ 增加到 10℃ 时,对于入口温
度为 100~140℃ 的热源,双压蒸发 ORC 系统的最小单位投资成本增加了
0.1%~5.8%,但对于入口温度为 160~200℃ 的热源,双压蒸发 ORC 系统
的最小单位投资成本反而会下降 1.0%~2.1%。因此,当热源入口温度较
高时,增大冷凝过程的夹点温差有助于提升双压蒸发 ORC 系统的热经济性
能,这与增大吸热过程夹点温差的影响规律相似。另一方面,当冷却水温
升由 5℃ 增加到 15℃ 时,双压蒸发 ORC 系统的最小单位投资成本增加了
2.7%~14.4%,且增加量随热源入口温度的升高而减小。尽管目前的研究
结果表明,增大冷却水温升会降低双压蒸发 ORC 系统的热经济性能,但根

据最小单位投资成本随冷却水温升增加的变化规律,当热源入口温度更高
或冷却水温升的增加幅度较小时,增大冷却水温升有可能会降低双压蒸发
ORC 系统的最小单位投资成本。

增大冷凝过程的夹点温差和冷却水温升会显著降低冷凝器的购买成
本,进而改变双压蒸发 ORC 系统中的部件购买成本占比。一方面,当冷凝
过程夹点温差为 5℃时,冷凝器的购买成本占比为 24.0%~30.4%,但当冷
凝过程夹点温差为 10℃时,冷凝器的购买成本占比降为 18.4%~26.2%,
且系统中部件购买成本由高到低依次为透平、预热器及蒸发器、冷凝器和工
质泵,这与冷凝过程夹点温差为 5℃时的部件购买成本占比(如 5.4.2 节所
述)存在一定差异。另一方面,当冷却水温升由 5℃增加到 15℃时,冷凝器
的购买成本占比会由 23.9%~28.8%降到 19.4%~25.8%,系统中各部件
的购买成本占比将发生显著改变。对于冷却水温升为 15℃的工况,当热源
入口温度为 120~200℃时,双压蒸发 ORC 系统中的部件购买成本由高到
低依次为透平、预热器及蒸发器、冷凝器和工质泵,但当热源入口温度为
100℃时,次序变为预热器及蒸发器、透平、冷凝器和工质泵,如图 5.9 所示。

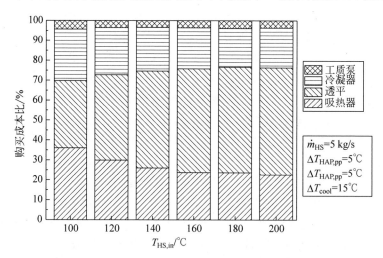

图 5.9 双压蒸发 ORC 系统在冷却水温升为 15℃时的部件购买成本占比 PEC/PEC_total

此外,增加冷凝过程夹点温差将增大双压蒸发 ORC 系统相对于单压
蒸发 ORC 系统的单位投资成本增加量。当冷凝过程的夹点温差由 5℃增
加到 10℃时,对于入口温度为 100℃的热源,双压蒸发 ORC 系统的单位投
资成本增加量将由 5.7%增加到 7.7%;对于入口温度为 200℃的热源,双

压蒸发 ORC 系统的单位投资成本增加量将由 6.6％增加到 7.3％。随冷却水温升增加,双压蒸发 ORC 系统的单位投资成本增加量也会随之增大。当冷却水温升由 5℃增加到 15℃时,对于入口温度为 100℃的热源,双压蒸发 ORC 系统的单位投资成本增加量将由 5.9％增加到 8.4％;对于入口温度为 200℃的热源,双压蒸发 ORC 系统的单位投资成本增加量将由 6.5％增加到 7.6％。

总体而言,对于双压蒸发 ORC 系统,增大冷却水温升会导致系统的最小单位投资成本升高,并会扩大它相对于单压蒸发 ORC 系统的热经济性能劣势。而增大冷凝过程的夹点温差,虽然在热源入口温度较高的工况下可以降低系统的最小单位投资成本,但也会扩大它相对于单压蒸发 ORC 系统的热经济性能劣势。因此,冷凝过程夹点温差和冷却水温升较大的工况并不利于双压蒸发 ORC 系统的应用。

5.8　不同工质的对比分析

为进一步分析对于不同工质,双压蒸发 ORC 系统在热经济性能方面的应用潜力,本节选取 R1234ze(E) 和 R600a 作为工质,其主要物性参数如表 2.1 所示,同时选取 5 种典型工况开展热经济性能的对比分析,如表 5.4 所示,其他模型条件均与 5.2 节相同。

表 5.4　选取的 5 种典型工况

工况编号	热源流量 /(kg/s)	吸热过程的夹点温差/℃	冷凝过程的夹点温差/℃	冷凝过程中的冷却水温升/℃
A	5	5	5	5
B	5	10	5	5
C	5	10	10	5
D	5	5	5	15
E	10	5	5	5

对于 R1234ze(E) 和 R600a,热源入口温度、热源流量、夹点温差和冷却水温升对双压蒸发 ORC 系统最小单位投资成本的影响与 R245fa 相同。当热源入口温度较低时,R1234ze(E) 的单位投资成本最低,而当热源入口温度较高时,具有最低单位投资成本的工质为 R245fa。例如,对于 E 工况下的双压蒸发 ORC 系统,当热源入口温度为 100℃、120～140℃和 160～

200℃时,具有最低单位投资成本的工质分别为 R1234ze(E)、R600a 和 R245fa。

对于 R1234ze(E)和 R600a,在 5 种典型工况下,双压蒸发 ORC 系统的最小单位投资成本均高于单压蒸发 ORC 系统,且预热器和蒸发器总购买成本的显著增加也是导致其单位投资成本更高的关键原因。例如,对于 A 工况下的 R600a,当热源入口温度为 140℃时,在最佳工况下,相对于单压蒸发 ORC 系统,双压蒸发 ORC 系统的净输出功增加了 18.6%,透平、冷凝器和工质泵的总购买成本增加了 12.9%,而预热器和蒸发器的总购买成本增加了 83.9%,在系统中的购买成本占比也高达 24.1%,最终导致双压蒸发 ORC 系统的最小单位投资成本相对增加了 4.9%。

此外,当热源入口温度足够高时,双压蒸发 ORC 系统有可能失去相对于单压蒸发 ORC 系统的热力性能优势,不会在最佳工况下进一步增大系统的净输出功。例如,对于 A 工况,当热源入口温度为 200℃时,R600a 双压蒸发 ORC 系统在最佳工况下的净输出功相对于其单压蒸发 ORC 系统下降了 8.7%;当热源入口温度为 180~200℃时,R1234ze(E)双压蒸发 ORC 系统在最佳工况下的净输出功也相对于其单压蒸发 ORC 系统下降了 9.4%~14.0%。在第 2 章的研究中,尽管是选取净输出功最大为优化目标,但也出现了双压蒸发循环的净输出功低于单压蒸发循环的现象,并且双压蒸发循环的适用热源入口温度上限会随工质临界温度的降低而下降,这也是导致 R1234ze(E)和 R600a 双压蒸发 ORC 系统在高温热源下的热经济性能较差的重要原因。

对于 R1234ze(E)、R600a 和 R245fa,相对于单压蒸发 ORC 系统,双压蒸发 ORC 系统的单位投资成本增加量如图 5.10 所示,对于不同的热源入口温度,3 种工质的对比结果相似。随工质临界温度升高,双压蒸发 ORC 系统的单位投资成本增加量会显著下降。R1234ze(E)的相对增加量最大,而 R245fa 的相对增加量最小。当热源入口温度为 140℃时,对于 R1234ze(E)、R600a 和 R245fa,在 A 工况下,双压蒸发 ORC 系统的单位投资成本增加量分别为 8.2%、4.9%和 3.3%;在 E 工况下,双压蒸发 ORC 系统的单位投资成本增加量分别为 5.9%、2.5%和 0.8%。因此,从热经济性能角度,高临界温度工质更适宜采用双压蒸发循环。

对于 R1234ze(E)和 R600a,随热源入口温度升高,双压蒸发 ORC 系统的单位投资成本增加量的变化规律与 R245fa 存在一定差异,原因在于,3 种工质的临界温度差异显著,导致在相同热源入口温度下的最佳循环参

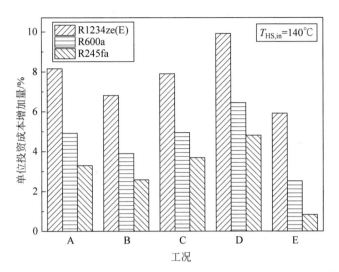

图 5.10　对于 3 种工质，双压蒸发 ORC 系统相对单压蒸发 ORC 系统的单位投资成本增加量$[(\mathrm{SIC_{DP}}-\mathrm{SIC_{SP}})/\mathrm{SIC_{SP}}]$

数存在明显差别。此外，对于 R1234ze(E) 和 R600a，热源流量、夹点温差和冷却水温升对双压蒸发 ORC 系统的单位投资成本增加量的影响与 R245fa 相似：增大热源流量和吸热过程夹点温差将减小双压蒸发 ORC 系统的单位投资成本增加量，有利于双压蒸发循环的应用；而增大冷凝过程夹点温差和冷却水温升将显著增大双压蒸发 ORC 系统的单位投资成本增加量，不利于双压蒸发循环的应用。

总体而言，从工质角度，高临界温度工质更适宜采用双压蒸发循环，且大的热源流量和吸热过程夹点温差有利于增强双压蒸发循环的应用潜力。

5.9　本 章 小 结

本章聚焦纯工质双压蒸发 ORC 系统的热经济性能，以单位投资成本最低为优化目标，揭示了热源条件（入口温度和流量）、换热过程夹点温差和冷源条件对系统热经济性能的影响，给出了不同工况下的最佳循环参数和部件的购买成本占比；以单压蒸发循环作为比较对象，从热经济性能角度评估双压蒸发循环的应用潜力，探究了双压蒸发循环的适用工况及适用工质。主要结论如下所示。

随热源入口温度和热源流量增加，双压蒸发 ORC 系统的最小单位投资成本将显著下降；当热源入口温度较高时，增大换热过程的夹点温差有助于降低系统的最小单位投资成本。

相对于单压蒸发循环，双压蒸发循环有望获得更好的热经济性能。对于 R245fa，双压蒸发 ORC 系统的单位投资成本最多可相对下降 0.6%，同时净输出功相对增加 21.9%。预热器和蒸发器总购买成本的显著增加是降低双压蒸发 ORC 系统热经济性能的关键因素，也是阻碍双压蒸发循环应用的重要影响因素。此外，增大工质在预热器和蒸发器中的质量流率，有助于提升双压蒸发 ORC 系统的热经济性能及它相对于单压蒸发 ORC 系统的热经济性能优势，可促进双压蒸发循环的应用。

从应用工况角度出发，双压蒸发循环更适用于热源流量大、吸热过程夹点温差大的工况，有望获得更大的热经济性能优势；从工质角度，临界温度高的工质更适宜采用双压蒸发循环。

第6章 分液冷凝器的设计准则与 应用潜力评估

6.1 本章引言

冷凝器是 ORC 系统中的关键部件,对系统的热力性能和经济性能均有显著影响[152-155]。一方面,采用合适的冷凝强化换热方法可大幅降低换热面积,进而减小冷凝器的购买成本,缩小其体积,有助于提升 ORC 系统的技术竞争力及应用潜力。另一方面,换热面积的减小意味着在相同换热面积的基础上,冷凝过程的夹点温差可得到有效减小,从而进一步提升 ORC 系统的热功转换效率。

本章首先针对 ORC 系统中常用的管壳式冷凝器[28,33,45,70,98,137,180-184],引入新兴的分液冷凝强化换热方法,选取典型纯工质 R1234ze(E)、R600a 和 R245fa,探究一到四级分液冷凝(在冷凝过程中发生一到四次气液分离)的强化换热效果及最佳的分液热力学状态(表征分液位置),分析冷凝器设计参数(管径、入口流速、冷却水温升和夹点温差)对分液冷凝方法强化换热效果和最佳分液热力学状态的影响;然后,在 ORC 系统层面,评估分液冷凝方法在单压蒸发 ORC 系统和双压蒸发 ORC 系统中相对于传统冷凝方法的热经济性能优势,并探究系统工况条件(热源入口温度、热源流量、夹点温差和冷却水温升)对分液冷凝方法热经济性能优势的影响,揭示分液冷凝方法在 ORC 系统层面的适用工况和适用工质。

6.2 分液冷凝器的分析模型

6.2.1 管壳式分液冷凝器介绍

本节以两级分液冷凝的管壳式冷凝器为例,介绍管壳式分液冷凝器的流程特征,如图 6.1 所示。在管壳式分液冷凝器中,工质在管内流动以更好地避免泄漏和减少充注量[148],而冷却水在管外流动。蒸气首先进入冷凝器的第一流程(1→2过程)，被冷却水冷却为两相流体，两相流体进入第一个分液单元，气液相凭借自身的密度差异而被分离，分离出来的蒸气进入第二流程(3→4过程)继续被冷却，而分离出来的液体则通过旁通管道流到冷凝器出口。分液单元的底部放置有多孔金属板[24,163]，液体会在多孔金属板的表面形成稳定液膜，阻止气体进入旁通管道，进而保证气液分离效果[162,175,177]。在第二流程中，蒸气继续被冷却为两相流体，再在第二个分液单元中实现气液分离。之后，分离出来的蒸气进入第三流程(5→6过程)被冷却为液体。所有液体在冷凝器出口处汇集，一同流出冷凝器。此外，工质在冷凝过程中的气相体积不断减小，因此应适当减少下一流程中的换热管数量，以保证蒸气具有较高的入口流速(较大的质量流率)，从而获得较高的冷凝换热系数[24]。对于采用两级分液冷凝的管壳式冷凝器，换热系数的沿流程变化如图6.2所示。

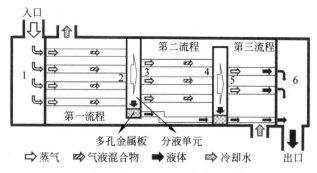

图6.1　采用两级分液冷凝的管壳式冷凝器

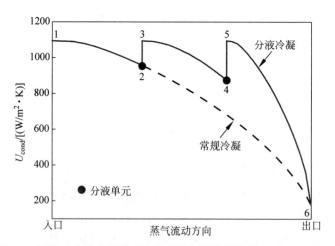

图6.2　管壳式分液冷凝器中换热系数的沿流程变化(两级分液冷凝)

6.2.2　参数选取与数学模型

本研究将采用一级到四级气液分离的分液冷凝方法依次命名为一级分液冷凝、两级分液冷凝、三级分液冷凝和四级分液冷凝,并选取无气液分离的传统冷凝方法作为比较对象。分液冷凝方法通过气液分离可显著降低工质在冷凝过程中的沿流程压降[155,162-163,167],但压降的具体数值与冷凝器和分液单元的结构及尺寸等参数密切相关[148,158,163,172],在给定这些具体的结构和参数之前,定量化计算难以开展。因此,为简化分析,本研究并未关注分液冷凝器中的工质压降,而是将研究重点聚焦于冷凝器的换热面积减小(换热系数提高),将工质的冷凝压力假定为常数。

对于管壳式分液冷凝器,工质的流量选取为 1 kg/s,工质在冷凝器入口和出口处分别选取为饱和气态和饱和液态。冷却水的入口温度选取为20℃,压力选取为 101 kPa。研究关注的冷凝器设计参数包括换热管的直径、管内的入口流速、管外的入口流速、冷却水温升和冷凝过程的夹点温差。设计参数的具体取值如表 6.1 所示,其中管内和管外的入口流速表征了流体的质量流率。本研究采用控制变量法,分析每个设计参数对分液冷凝方法强化换热效果和最佳分液热力学状态的影响。常规冷凝器(采用传统冷凝方法)的参数选取与分液冷凝器相同。

表 6.1　管壳式分液冷凝器的设计参数及其取值[148]

设 计 参 数	取　　值
换热管的直径(d_i/d_o)/mm	10/12,15/18,20/24
管内的入口流速 v_i/(m/s)	5,8,10
管外的入口流速 v_o/(m/s)	0.5,1.0,1.5
冷却水温升 ΔT_{cool}/℃	5,10,15
冷凝过程的夹点温差 $\Delta T_{HAP,pp}$/℃	5,10,15

对于管壳式分液冷凝器,为简化分析模型,本研究假定工质在每一流程的入口处均为饱和气态[155,167],在不同流程中的质量流率($G=\rho v$)保持相同[164],忽略散热损失[27,32,34,76,93,95-96,137,139,201]。对于纯工质,分液冷凝方法并不会改变冷凝过程的初始状态和最终状态[164],因此,随分液级数的增加,工质的总换热量保持不变,与传统冷凝方法的换热量相等[164]。对于

纯工质分液冷凝器,给定冷却水温升和冷凝过程的夹点温差,冷凝压力、总换热量和对数平均换热温差一定,不会因分液位置的不同而改变,在获得最小换热面积的分液热力学状态的同时,也获得了最高的平均换热系数[164],因此,选取冷凝器的换热面积最小作为优化目标。本研究以分液单元入口处的工质干度(x_{LSI})表征分液热力学状态[24,164],并在不同工况下,对各级分液热力学状态进行优化,x_{LSI} 的范围选取为 0.05~0.95,计算间隔选取为 0.05,以权衡计算精度和计算速度。

冷凝器为逆流布置,换热管的材料选取为不锈钢。换热面积的计算方法与 5.2.2 节相似:将冷凝器的每一流程划分为等换热量的 20 节,采用工质和冷却水在节点处的温度计算每节的对数平均换热温差,采用冷凝器的设计参数和工质的热物理性质计算每节的整体换热系数,进而确定每节的换热面积,各节换热面积的总和即为此流程的总换热面积。换热面积、对数平均换热温差、整体换热系数及管内和管外对流换热系数的计算模型见 5.2.2 节。研究中采用 REFPROP 9.1 软件计算流体的热物理性质[186]。

分液冷凝器除了增加一个或多个分液单元外,在结构方面与常规冷凝器基本相同。由于缺少相关研究,增加分液单元所带来的成本增量目前尚不清楚,因而无法准确评估。然而,分液单元结构简单、组件(壳体和多孔金属版)常见且易于加工、无需昂贵材料,并可用于替代常规冷凝器中的折流板,因此在实际应用中,增加分液单元所带来的成本增量有望非常小,这一点在管翅式分液冷凝器中得到了验证[155,163,169]。因此,为简化分析,本研究中忽略了分液单元所带来的成本增量,只对冷凝器的换热面积开展对比分析。

6.3　管壳式分液冷凝器的分析设计

对于不同的工质,冷凝器设计参数对分液冷凝方法强化换热效果和最佳分液热力学状态的影响规律基本相同,本节以 R245fa 为例开展详细介绍。对于不同的管内入口流速和换热管直径,分液冷凝方法相对于传统冷凝方法的换热面积减小量[$(A_{cond,con} - A_{cond,LSC})/A_{cond,con}$]如图 6.3 所示。一方面,随管内入口流速增加,分液冷凝方法的换热面积减小量逐渐减小。例如,对于换热管内径为 8 mm 的工况,当管内入口流速由 5 m/s 增加到

10 m/s 时,一级分液冷凝的换热面积减小量由 14.2% 降到 11.8%,四级分液冷凝的换热面积减小量由 24.4% 降到 20.3%。另一方面,换热面积的减小量也会随换热管直径的增加而减小。例如,对于管内入口流速为 8 m/s 的工况,当换热管内径由 10 mm 增加到 20 mm 时,一级分液冷凝的换热面积减小量由 12.7% 降到 12.5%,四级分液冷凝的换热面积减小量由 21.8% 降到 21.5%。对于其他冷凝器设计参数,管内入口流速和换热管直

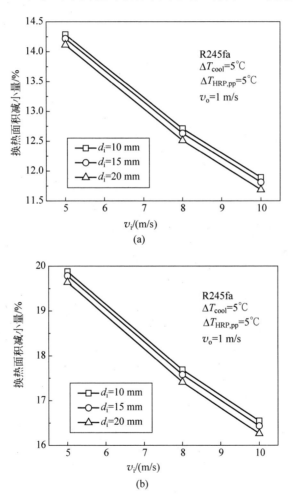

图 6.3 分液冷凝方法在不同管内入口流速和换热管
直径条件下的换热面积减小量

(a) 一级分液冷凝;(b) 两级分液冷凝;(c) 三级分液冷凝;(d) 四级分液冷凝

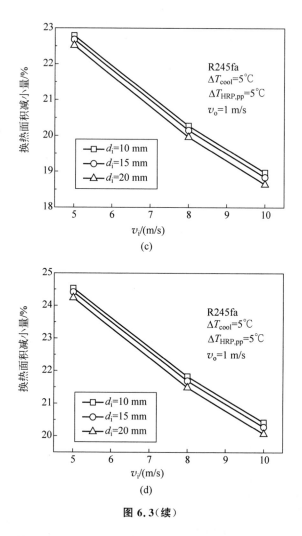

图 6.3（续）

径对换热面积减小量的影响规律相同。总体而言，分液冷凝方法在小管径、低管内入口流速的工况下，可获得更大的换热面积减小量，强化换热效果更好。此外，随管内入口流速和换热管直径增加，分液冷凝方法的最佳分液热力学状态（$x_{\mathrm{LSI,opt}}$）保持不变。

    对于不同的冷却水温升和夹点温差，分液冷凝方法的换热面积减小量如图 6.4 所示。换热面积减小量随冷却水温升的降低而增大，但会随夹点温差的增加先增大后减小。对于其他冷凝器设计参数，冷却水温升和夹点温差对换热面积减小量的影响规律相同。因此,分液冷凝方法在低冷却水温升和恰当的夹点温差工况下,可获得更好的强化换热效果。此外,分液冷凝方法的最佳分液热力学状态,会随冷却水温升的增加而倾向升高,但会随夹点温差的增加而倾向下降。

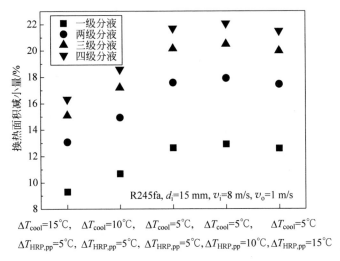

图 6.4　分液冷凝方法在不同冷却水温升和夹点温差条件下的换热面积减小量

　　对于不同的分液级数和管外入口流速,分液冷凝方法的换热面积减小量如图 6.5 所示。随分液级数增加,冷凝器的换热面积逐渐减小,分液冷凝方法的换热面积减小量逐渐增大但增加量逐渐减小。一方面,考虑到增加分液级数会增加流程的复杂性,因此采用过多的分液级数并不合适,因为在减少冷凝器换热面积方面所带来的边际收益较小。另一方面,分液冷凝方法的换热面积减小量,会随管外入口流速的增加而增大,这说明分液冷凝方法更适用于高管外入口流速的工况。对于其他冷凝器设计参数,随分液级数和管外入口流速增加,分液冷凝方法换热面积减小量的变化规律基本相同。此外,随管外入口流速增加,分液冷凝方法的最佳分液热力学状态保持不变,但随分液级数增加,第一次分液后的最佳分液热力学状态有可能不同于低一级分液冷凝的最佳分液热力学状态。例如,当冷却水温升和夹点温差均为 5℃时,两级分液冷凝的最佳分液热力学状态为 0.5/0.3(分别表示第一个和第二个分液单元的 $x_{LSI,opt}$），但一级分液冷凝的最佳分液热力学状态为 0.35，高于两级分液冷凝中第二个分液单元的最佳分液热力学状态（0.30）。此现象可归因于换热过程夹点温差的变化，对于两级分液冷凝，第一次分液后剩余冷凝过程的夹点温差相对增大，大于一级分液冷凝的夹点温差，而夹点温差的增加有可能导致最佳分液热力学状态的下降，因此，第二个分液单元的最佳分液热力学状态有可能低于一级分液冷凝的最佳分液热力学状态。

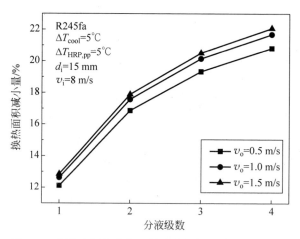

图 6.5　　分液冷凝方法在不同分液级数和管外入口流速
条件下的换热面积减小量

对于 R1234ze(E)、R600a 和 R245fa，冷凝器设计参数对分液冷凝方法强化换热效果和最佳分液热力学状态的影响规律汇总如表 6.2 所示。总体而言，在冷凝器层面，分液冷凝方法在小管径、低管内入口流速、高管外入口流速和低冷却水温升的条件下，可以获得更大的换热面积减小量，强化换热效果更好，更为适用。最佳的分液热力学状态不会随管径和入口流速（质量流率）的增加而改变，当冷却水温升和夹点温差一定时，分液冷凝方法的最佳分液热力学状态一定。此外，对于管壳式分液冷凝器，随分液热力学状态降低，冷凝器的换热面积先减小后增大。以 R245fa 两级分液冷凝为例，图 6.6 展示了分液热力学状态对冷凝器换热面积的影响。

表 6.2　冷凝器设计参数对分液冷凝方法强化换热效果和
最佳分液热力学状态的影响

设计参数的变化	相对传统冷凝方法的换热面积减小量	最佳分液热力学状态
换热管直径减小	增大	不变
管内入口流速减小	增大	不变
管外入口流速减小	减小	不变
冷却水温升降低	增大	倾向降低
夹点温差减小	先增大后减小	倾向增大

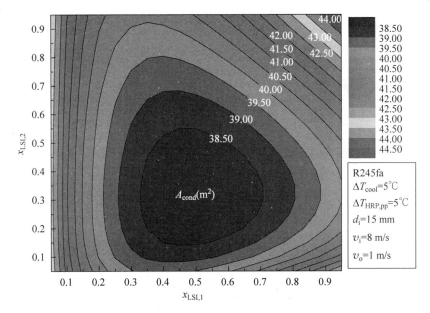

图 6.6　R245fa 两级分液冷凝中分液热力学状态对冷凝器
换热面积的影响（见文前彩图）

　　分液冷凝方法相对于传统冷凝方法的换热面积减小量如表 6.3 所示，其最佳分液热力学状态如表 6.4 所示。表 6.4 中，对于四级分液冷凝，R245fa 的最佳分液热力学状态为 0.65/0.60/0.50/0.30，这表示在第一个、第二个、第三个和第四个分液单元入口处的工质干度分别为 0.65、0.60、0.50 和 0.30。其他级数分液冷凝的最佳分液热力学状态也采用了相同的表示方法。此外，随工质流量增加，冷凝器的换热面积逐渐增大，但分液冷凝方法的最佳分液热力学状态及它相对于传统冷凝方法的换热面积减小量保持不变。

表 6.3　分液冷凝方法相对于传统冷凝方法的换热面积减小量

工质	分液级数	换热面积减小量/%						
		$\Delta T_{cool}=5\text{℃}$ $\Delta T_{HRP,pp}=5\text{℃}$ $v_o=0.5$ m/s	$\Delta T_{cool}=5\text{℃}$ $\Delta T_{HRP,pp}=5\text{℃}$ $v_o=1.0$ m/s	$\Delta T_{cool}=5\text{℃}$ $\Delta T_{HRP,pp}=5\text{℃}$ $v_o=1.5$ m/s	$\Delta T_{cool}=5\text{℃}$ $\Delta T_{HRP,pp}=10\text{℃}$ $v_o=1.0$ m/s	$\Delta T_{cool}=5\text{℃}$ $\Delta T_{HRP,pp}=15\text{℃}$ $v_o=1.0$ m/s	$\Delta T_{cool}=10\text{℃}$ $\Delta T_{HRP,pp}=5\text{℃}$ $v_o=1.0$ m/s	$\Delta T_{cool}=15\text{℃}$ $\Delta T_{HRP,pp}=5\text{℃}$ $v_o=1.0$ m/s
R1234ze(E)	一级	6.5~9.0	7.0~9.4	7.2~9.6	7.0~9.6	6.7~9.3	5.7~7.9	4.8~6.8
	两级	9.1~12.6	9.8~13.2	10.1~13.5	9.8~13.4	9.4~13.0	8.1~11.1	6.9~9.7
	三级	10.5~14.6	11.3~15.3	11.6~15.6	11.3~15.5	10.9~15.0	9.4~12.9	8.0~11.2
	四级	11.4~15.7	12.2~16.5	12.5~16.8	12.3~16.7	11.7~16.2	10.1~14.0	8.7~12.2
R600a	一级	8.2~10.8	8.7~11.2	8.9~11.4	8.9~11.6	8.6~11.3	7.2~9.5	6.3~8.4
	两级	11.4~15.1	12.2~15.7	12.5~16.0	12.4~16.1	12.0~15.8	10.2~13.5	8.9~11.9
	三级	13.2~17.4	14.0~18.1	14.4~18.4	14.2~18.6	13.8~18.2	11.8~15.5	10.3~13.7
	四级	14.2~18.8	15.1~19.6	15.5~19.9	15.4~20.0	14.9~19.6	12.8~16.8	11.1~14.9
R245fa	一级	11.1~13.9	11.7~14.3	11.9~14.5	11.9~14.7	11.6~14.4	9.8~12.2	8.5~10.8
	两级	15.5~19.3	16.3~19.9	16.6~20.1	16.5~20.4	16.0~20.0	13.7~17.1	12.0~15.1
	三级	17.8~22.1	18.6~22.8	19.0~23.1	18.9~23.3	18.4~22.9	15.8~19.7	13.8~17.5
	四级	19.1~23.8	20.1~24.5	20.5~24.9	20.4~25.1	19.7~24.6	17.1~21.3	14.9~18.9

表 6.4　分液冷凝方法的最佳分液热力学状态

工质	分液级数	最佳分液热力学状态				
		$\Delta T_{cool} = 5℃$ $\Delta T_{HRP,pp} = 5℃$	$\Delta T_{cool} = 5℃$ $\Delta T_{HRP,pp} = 10℃$	$\Delta T_{cool} = 5℃$ $\Delta T_{HRP,pp} = 15℃$	$\Delta T_{cool} = 10℃$ $\Delta T_{HRP,pp} = 5℃$	$\Delta T_{cool} = 15℃$ $\Delta T_{HRP,pp} = 5℃$
R1234ze(E)	一级	0.35	0.35	0.35	0.35	0.40
	两级	0.50/0.35	0.50/0.35	0.50/0.35	0.55/0.35	0.55/0.35
	三级	0.60/0.50/0.35	0.60/0.50/0.35	0.60/0.50/0.35	0.65/0.50/0.35	0.65/0.50/0.35
	四级	0.65/0.60/0.50/0.35	0.65/0.60/0.50/0.35	0.65/0.60/0.50/0.35	0.70/0.60/0.50/0.35	0.70/0.60/0.50/0.35
R600a	一级	0.35	0.35	0.35	0.35	0.35
	两级	0.50/0.35	0.50/0.35	0.50/0.35	0.55/0.35	0.55/0.35
	三级	0.60/0.50/0.30	0.60/0.50/0.30	0.60/0.50/0.30	0.65/0.50/0.35	0.65/0.50/0.35
	四级	0.65/0.60/0.50/0.30	0.65/0.60/0.50/0.30	0.65/0.60/0.50/0.30	0.70/0.60/0.50/0.30	0.70/0.60/0.50/0.35
R245fa	一级	0.35	0.30	0.30	0.35	0.35
	两级	0.50/0.30	0.50/0.30	0.50/0.30	0.50/0.30	0.55/0.35
	三级	0.60/0.50/0.30	0.60/0.50/0.30	0.60/0.50/0.30	0.60/0.50/0.30	0.65/0.50/0.30
	四级	0.65/0.60/0.50/0.30	0.65/0.60/0.50/0.30	0.65/0.60/0.50/0.30	0.70/0.60/0.50/0.30	0.70/0.60/0.50/0.30

6.4 系统层面的分析评估

为更好地评估分液冷凝方法在纯工质 ORC 系统中的应用潜力及适用工况,本节将管壳式分液冷凝器引入单压蒸发 ORC 系统和双压蒸发 ORC 系统,以系统的单位投资成本最低为目标,开展热经济性能的优化分析;与采用传统冷凝方法的 ORC 系统进行对比,定量化评估引入分液冷凝方法所带来的单位投资成本下降量,探究系统工况条件对分液冷凝方法性能优势的影响,揭示管壳式分液冷凝器在 ORC 系统中的适用工况。

6.4.1 系统建模

单压蒸发 ORC 系统和双压蒸发 ORC 系统由逆流管壳式换热器、轴流式透平和离心式工质泵组成,具体的系统布置和热力过程如图 2.1 和图 2.2 所示。本节中系统建模仍选取 R1234ze(E)、R600a 和 R245fa 作为工质。考虑到计算量和计算时间的约束,本章仅在 ORC 系统层面分析一级和两级分液冷凝的热经济性能优势,在 ORC 系统层面的分析评估,重点探究工况条件(热源入口温度、热源流量、夹点温差和冷却水温升)对分液冷凝方法热经济性能优势的影响,而鉴于计算量的约束,并未分析冷凝器设计参数对分液冷凝方法热经济性能优势的影响。

热源流体选取为热水,入口温度选取为 $100\sim200\,^\circ\!C$,出口温度无特殊限制,热源流体的压力与 2.2.2 节相同,热源流量选取为 5 kg/s 和 10 kg/s。冷却水的入口温度选取为 $20\,^\circ\!C$,压力选取为 101 kPa,在冷凝过程中的温升分别选取为 $5\,^\circ\!C$ 和 $15\,^\circ\!C$。循环吸热和冷凝过程的夹点温差分别选取为 $5\,^\circ\!C/5\,^\circ\!C$、$10\,^\circ\!C/5\,^\circ\!C$ 和 $10\,^\circ\!C/10\,^\circ\!C$。透平和工质泵的内效率分别选取为 0.8 和 0.75。为简化分析,本节采用与 2.2.2 节相同的模型假定。单压蒸发 ORC 系统和双压蒸发 ORC 系统的热力性能计算模型 2.2.2 节,经济性能计算模型见 5.2.2 节。对于管壳式换热器,工质在管内流动,而热源流体和冷却水在管外流动,换热面积的计算方法和计算模型见 5.2.2 节,换热器的参数选取与表 5.1 相同。此外,对于单压蒸发 ORC 系统和双压蒸发 ORC 系统,优化参数及其选取范围与表 2.3 相同,优化方法与 2.2.3 节相同。

研究中,分液冷凝方法相对于传统冷凝方法的冷凝器购买成本下降量定义为

$$\delta_{\text{PEC,cond}} = \frac{\text{PEC}_{\text{cond,con}} - \text{PEC}_{\text{cond,LSC}}}{\text{PEC}_{\text{cond,con}}} \tag{6-1}$$

式中,$\text{PEC}_{\text{cond,con}}$ 和 $\text{PEC}_{\text{cond,LSC}}$ 分别表示传统冷凝方法和分液冷凝方法的冷凝器购买成本。

分液冷凝方法相对于传统冷凝方法的 ORC 系统单位投资成本下降量定义为

$$\delta_{\text{SIC}} = \frac{\text{SIC}_{\text{con}} - \text{SIC}_{\text{LSC}}}{\text{SIC}_{\text{con}}} \tag{6-2}$$

式中,SIC_{con} 和 SIC_{LSC} 分别表示传统冷凝方法和分液冷凝方法的 ORC 系统单位投资成本。

对于纯工质 ORC 系统,当蒸发压力和蒸发器出口温度一定时,采用分液冷凝方法可有效减小冷凝器的换热面积,但并不会改变 ORC 系统的热力性能。当冷凝压力一定时,蒸发压力和蒸发器出口温度的变化仅能改变工质在冷凝器入口处的密度,即管内的工质质量流率,但分液冷凝方法的最佳分液热力学状态并不会随流体的质量流率增加而改变。因此,分液冷凝方法的最佳分液热力学状态并不会随蒸发压力和蒸发器出口温度的升高而改变。综上所述,对于一级和两级分液冷凝,当冷凝过程的夹点温差和冷却水温升一定时,分液热力学状态的最佳结果可直接用于 ORC 系统热经济性能的优化分析。

6.4.2　单位投资成本的下降量

相对于传统冷凝方法,引入分液冷凝方法有可能改变 ORC 系统的最佳循环参数,且分液级数的增加会增大这种可能性。原因在于,ORC 系统中,循环参数(蒸发压力和蒸发器出口温度)的选取会影响各部件的购买成本和系统的净输出功,最佳的循环参数是权衡各部件的购买成本和系统的净输出功,从而获得最低单位投资成本的结果。而分液冷凝方法的引入会显著降低冷凝器的购买成本,各部件的购买成本占比相对于传统冷凝方法将发生改变,从而会改变传统冷凝方法的权衡结果,即改变 ORC 系统的最佳循环参数。随分液级数增加,冷凝器购买成本的下降量会增大,分液冷凝方法改变最佳循环参数的可能性也随之增大。此外,研究结果还表明,相对于单压蒸发循环,分液冷凝方法的引入更容易改变双压蒸发循环的最佳循环参数,原因在于,虽然双压蒸发循环中冷凝器的购买成本占比相对较小,但分液冷凝方法带来的冷凝器购买成本下降量更大,对最佳循环参数选取的影响也更显著。

对于单压蒸发 ORC 系统和双压蒸发 ORC 系统,相对于传统冷凝方法,分液冷凝方法所带来的系统单位投资成本下降量(δ_{SIC})基本等于冷凝器购买成本下降量($\delta_{\text{PEC,cond}}$)与传统冷凝方法下冷凝器购买成本占比($\text{PEC}_{\text{cond}}/\text{PEC}_{\text{total}}$)的乘积。即使是对于最佳循环参数发生改变的工况,两者的绝对差异也不超过 0.8%,且工质的临界温度越低,两者的绝对差异一般也越小。这说明,ORC 系统中的冷凝器购买成本占比越高、冷凝器购买成本的减小量越大,分液冷凝方法降低系统单位投资成本的效果越显著,应用潜力越大。

分液冷凝方法不仅会降低冷凝器的购买成本,还可能改变 ORC 系统的最佳循环参数,从而影响冷凝器的购买成本变化。冷凝器的购买成本下降量可能无法准确反映分液冷凝方法降低成本的效果,原因在于,冷凝器的购买成本降低可能包含最佳工况改变所带来的影响。因此,本节更关注分液冷凝方法相对于传统冷凝方法的系统单位投资成本下降量。本节首先以 R600a 单压蒸发 ORC 系统为例,详细介绍工况条件对系统单位投资成本下降量的影响。

图 6.7 是热源入口温度和热源流量对系统单位投资成本下降量的影响。随热源入口温度升高,当热源流量为 5 kg/s 时,系统的单位投资成本下降量先减小后增加;但当热源流量为 10 kg/s 时,系统的单位投资成本下

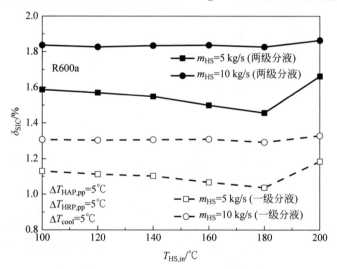

图 6.7　热源入口温度和热源流量对系统单位投资成本下降量的影响

降量呈现出接近 W 形的变化趋势,但变化量较小,最大的相对差异仅为 2.7%,可视为基本不变。随热源流量增加,系统的单位投资成本下降量会显著增大,且增加量随热源入口温度的升高先增大后减小。对于一级和两级分液冷凝,当热源流量由 5 kg/s 增加到 10 kg/s 时,系统的单位投资成本下降量分别相对增加了 12.2%～25.6% 和 12.1%～25.4%。此外,对于其他夹点温差和冷却水温升,随热源入口温度和热源流量增加,系统单位投资成本下降量的变化规律与图 6.7 基本相同。

图 6.8 是换热过程夹点温差对系统单位投资成本下降量的影响。随吸热过程的夹点温差增加,当热源入口温度为 100～180℃ 时,系统的单位投资成本下降量会随之增大,但当热源入口温度为 200℃ 时,系统的单位投资成本下降量反而会随之减小。吸热过程夹点温差的增加会改变系统的最佳循环参数,不仅会导致冷凝器的购买成本占比增大,还会改变工质在冷凝器入口处的热力学状态,一般是使工质的管内质量流率增大,分液冷凝方法的强化换热效果会被减弱,从而减小冷凝器的购买成本下降量。系统单位投资成本下降量的变化是上述两方面因素的综合作用结果。然而,随吸热过程的夹点温差增加,系统单位投资成本下降量的变化幅度相对较小,对于一级和两级分液冷凝,当吸热过程的夹点温差由 5℃ 增加到 10℃ 时,系统单位投资成本下降量的相对变化不超过 3.3%。另外,冷凝过程夹点温差的增加会导致冷凝器购买成本及它在系统中的购买成本占比大幅下降,使系统的单位投资成本下降量显著减小。对于一级和两级分液冷凝,当冷凝过程的夹点温差由 5℃ 增加到 10℃ 时,系统的单位投资成本下降量会分别相对

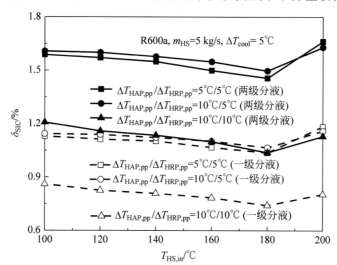

图 6.8　换热过程夹点温差对系统单位投资成本下降量的影响

减少 24.7%～30.7%和 24.9%～30.7%,且相对减小量会随热源入口温度的升高而增大。

图 6.9 是冷却水温升对系统单位投资成本下降量的影响。对于纯工质,冷却水温升的增加会增大冷凝过程的对数平均换热温差,减小冷凝器的换热面积和购买成本,导致系统中的冷凝器购买成本占比降低。另外,冷却水温升的增加还会导致分液冷凝方法的强化换热效果减弱,冷凝器的购买成本下降量减小。因此,随冷却水温升增加,系统的单位投资成本下降量会显著减小。对于一级分液冷凝和两级分液冷凝,当冷却水温升由 5℃增加到 15℃时,系统的单位投资成本下降量会分别相对减少 46.3%～50.8%和45.7%～50.2%,且相对减小量会随热源入口温度的升高而增大。

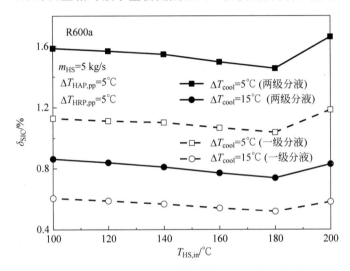

图 6.9　冷却水温升对系统单位投资成本下降量的影响

对于 R600a 双压蒸发 ORC 系统,热源流量对系统单位投资成本下降量的影响与单压蒸发 ORC 系统相同。冷凝过程夹点温差和冷却水温升的增加也会导致系统的单位投资成本下降量显著减小,但相对减小量会随热源入口温度的升高先减小后增大,最小值出现在热源入口温度 120℃处,而吸热过程夹点温差的增加会导致系统的单位投资成本下降量增大,但增加量仍然相对较小。另外,在单压蒸发 ORC 系统和双压蒸发 ORC 系统中,随热源入口温度升高,系统单位投资成本下降量的变化规律存在一定差异,原因主要在于,最佳循环参数随热源入口温度升高的变化规律有所不同,而且在双压蒸发 ORC 系统中,系统单位投资成本下降量随热源入口温度升高的变化幅度相对较小。

对于 R1234ze(E)、R600a 和 R245fa,热源流量、换热过程夹点温差和冷却水温升对系统单位投资成本下降量的影响规律基本相同,如上所述。但随热源入口温度升高,系统单位投资成本下降量的变化规律存在一定差异。原因主要在于,3 种工质的临界温度相差较大,导致最佳循环参数和各部件的购买成本占比随热源入口温度升高的变化规律差别显著。实际上,随热源入口温度升高,系统单位投资成本下降量的变化规律与循环形式、工质种类和系统设计参数(如换热过程夹点温差)等因素密切相关。对于热源流量、换热过程夹点温差和冷却水温升增加所导致的系统单位投资成本下降量变化,随热源入口温度升高的变化规律也会因工质的不同而产生一定差异。

此外,3 种工质的研究结果均表明,对于一级分液冷凝和两级分液冷凝,热源入口温度、热源流量、换热过程夹点温差和冷却水温升对系统单位投资成本下降量的影响规律均相同。增加分液级数可以增大分液冷凝方法在 ORC 系统中的单位投资成本下降量,但增加幅度相对较小。相对于双压蒸发 ORC 系统,增加分液级数在单压蒸发 ORC 系统中所获得的额外收益更大,但两者的差别较小。对于 R1234ze(E)、R600a 和 R245fa,在单压蒸发 ORC 系统中,两级分液冷凝的系统单位投资成本相对于一级分液冷凝可分别下降 0.17%～0.48%、0.22%～0.54% 和 0.33%～0.85%,而在双压蒸发 ORC 系统中,两级分液冷凝的系统单位投资成本相对于一级分液冷凝可分别下降 0.15%～0.42%、0.20%～0.51% 和 0.30%～0.80%。工质的临界温度越高,增加分液级数所获得的收益一般也越大,而随热源入口温度升高,增加分液级数所获得的收益一般逐渐减小。

总体而言,热源流量和吸热过程夹点温差的增加有利于增大分液冷凝方法在 ORC 系统中的热经济性能优势,而冷凝过程夹点温差和冷却水温升的增加却会削弱分液冷凝方法的热经济性能优势。

6.4.3　在单压蒸发循环和双压蒸发循环中的优势对比

在单压蒸发 ORC 系统和双压蒸发 ORC 系统中,引入分液冷凝方法获得的单位投资成本下降量如图 6.10 所示。相对于双压蒸发 ORC 系统,在单压蒸发 ORC 系统中,分液冷凝方法的单位投资成本下降量更大且增加量显著。在图 6.10 所示的工况下,对于 R1234ze(E)、R600a 和 R245fa,一级分液冷凝在单压蒸发 ORC 系统中的单位投资成本下降量相对于双压蒸发 ORC 系统分别增加了 2.8%～14.8%、6.2%～16.2% 和 6.3%～14.5%。

采用两级分液冷凝时,单压蒸发 ORC 系统中单位投资成本下降量相对于双压蒸发 ORC 系统的增加幅度与一级分液冷凝基本相等。对于其他热源流量、换热过程夹点温差和冷却水温升,分液冷凝方法在单压蒸发 ORC 系统中的单位投资成本下降量也始终大于双压蒸发 ORC 系统,且增加量显著。

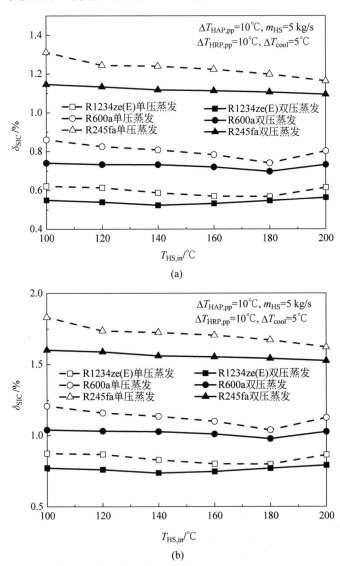

(a)

(b)

图 6.10 分液冷凝方法在单压蒸发 ORC 系统和双压蒸发 ORC 系统中的
单位投资成本下降量

（a）一级分液冷凝；（b）两级分液冷凝

　　虽然相对双压蒸发 ORC 系统,分液冷凝方法在单压蒸发 ORC 系统中的单位投资成本下降量更大,但原因主要在于,单压蒸发 ORC 系统的冷凝器购买成本占比更高。在图 6.10 所示的工况下,对于 R1234ze(E)、R600a 和 R245fa,采用传统冷凝方法时,单压蒸发 ORC 系统的冷凝器购买成本占比相对于双压蒸发 ORC 系统分别增加了 8.3%～27.6%、7.2%～27.5% 和 11.0%～25.9%。对于其他工况,单压蒸发 ORC 系统的冷凝器购买成本占比也始终高于双压蒸发 ORC 系统。相对于单压蒸发循环,双压蒸发循环显著减小了吸热过程的换热温差,导致预热器和蒸发器的总购买成本占比显著增加,从而降低了冷凝器的购买成本占比。

　　然而,相对于单压蒸发 ORC 系统,分液冷凝方法在双压蒸发 ORC 系统中的冷凝器购买成本下降量($\delta_{\mathrm{PEC,cond}}$)反而更大。如图 6.11 所示,对于 R245fa,分液冷凝方法在双压蒸发 ORC 系统中的冷凝器购买成本下降量明显高于单压蒸发 ORC 系统,相对增加量达 3.5%～10.0%,且对于一级分液冷凝和两级分液冷凝,双压蒸发 ORC 系统的相对增加量基本相等。对于 R600a,当热源入口温度为 100～180℃时,双压蒸发 ORC 系统的冷凝器购买成本下降量相对于单压蒸发 ORC 系统增加了 0.9%～9.8%,且一级分液冷凝和两级分液冷凝的相对增加量也基本相等,但当热源入口温度

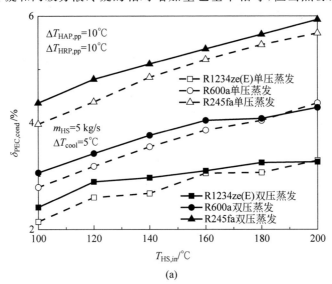

(a)

图 6.11　分液冷凝方法在单压蒸发 ORC 系统和双压蒸发 ORC 系统中的冷凝器购买成本下降量

(a) 一级分液冷凝;(b) 两级分液冷凝

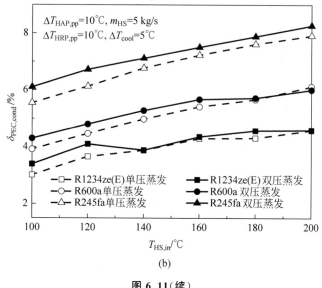

$$\Delta T_{HAP,pp}=10℃, m_{HS}=5\ kg/s$$
$$\Delta T_{HRP,pp}=10℃, \Delta T_{cool}=5℃$$

图例：
- □ R1234ze(E)单压蒸发   ■ R1234ze(E)双压蒸发
- ○ R600a单压蒸发   ● R600a双压蒸发
- △ R245fa单压蒸发   ▲ R245fa双压蒸发

图 6.11（续）

为 200℃时，双压蒸发 ORC 系统的冷凝器购买成本下降量反而相对于单压蒸发 ORC 系统减小了 1.9%。对于 R1234ze(E)，除了采用一级分液冷凝且热源入口温度为 200℃的工况外，双压蒸发 ORC 系统的冷凝器购买成本下降量也普遍高于单压蒸发 ORC 系统。对于 R1234ze(E)和 R600a，在冷凝器购买成本下降量方面，单压蒸发 ORC 系统与双压蒸发 ORC 系统的对比结果的波动性主要源于分液冷凝方法所导致的最佳循环参数改变。

此外，分液冷凝方法不仅可有效降低双压蒸发 ORC 系统的单位投资成本，还保留了双压蒸发循环相对于单压蒸发循环的净输出功优势，且在双压蒸发 ORC 系统中的冷凝器购买成本下降量还可能大于单压蒸发 ORC 系统。这说明，分液冷凝方法与双压蒸发循环可实现优势叠加。

6.4.4 不同工质的对比

从工质角度出发，在相同工况下引入分液冷凝方法，R245fa 的系统单位投资成本下降量最大，R600a 次之，而 R1234ze(E)最小。对于 R1234ze(E)、R600a 和 R245fa，相对于传统冷凝方法，一级分液冷凝的系统单位投资成本最多可分别下降 1.2%、1.3%和 2.1%，而两级分液冷凝的系统单位投资成本最多可分别下降 1.6%、1.9%和 2.9%。对于分液冷凝方法，不同工质在系统单位投资成本下降量方面的差异,是由冷凝器购买成本占比的差异和冷凝器购买成本下降量的差异共同导致的。

在相同工况下采用传统冷凝方法,R245fa 的冷凝器购买成本占比显著高于 R1234ze(E)和 R600a,而 R600a 的冷凝器购买成本占比也普遍高于 R1234ze(E)。例如,对于采用传统冷凝方法的单压蒸发 ORC 系统,当热源流量为 5 kg/s,吸热过程和冷凝过程的夹点温差分别为 10℃和 5℃,且冷却水温升为 5℃时,R245fa 的冷凝器购买成本占比相对于 R1234ze(E)和 R600a 分别增加了 10.4%~20.7%和 9.8%~20.4%,而 R600a 的冷凝器购买成本占比相对于 R1234ze(E)增加了 0.8%~12.8%。在 ORC 系统中,冷凝器购买成本占比的增加有利于分液冷凝方法获得更大的单位投资成本下降量。

此外,在相同工况下,不同工质的最佳蒸发压力和蒸发器最佳出口温度差别显著,导致工质在冷凝器入口处的密度差别明显。虽然冷凝器入口处的工质流速相同,但是工质密度的差异导致管内的质量流率不同。工质的质量流率越小,分液冷凝方法降低换热面积的效果越显著,获得的冷凝器购买成本下降量也越大,有利于增大系统的单位投资成本下降量。相对于 R1234ze(E)和 R600a,R245fa 的临界温度最高,相同冷凝温度所对应的冷凝压力更低。在相同工况下,R245fa 在冷凝器中的质量流率一般最小,使得其冷凝器购买成本的下降量一般最大,促进了系统单位投资成本下降量的增大。而 R600a 的冷凝器购买成本下降量也一般大于 R1234ze(E)。例如,对于采用一级分液冷凝的单压蒸发 ORC 系统,当热源流量为 5 kg/s,吸热过程和冷凝过程的夹点温差分别为 10℃和 5℃,且冷却水温升为 5℃时,R245fa 的冷凝器购买成本下降量相对于 R1234ze(E)和 R600a 分别增加了 62.8%~77.6%和 29.7%~44.3%,而 R600a 的冷凝器购买成本下降量相对于 R1234ze(E)增加了 19.9%~28.2%。

总体而言,对于采用高临界温度工质的 ORC 系统,引入分液冷凝方法所获得的单位投资成本下降量更大,分液冷凝方法相对于传统冷凝方法的热经济性能优势也更显著。

6.5　本 章 小 结

本章针对分液冷凝方法,首先在管壳式冷凝器层面,探究了一到四级分液冷凝的强化换热效果及最佳的分液热力学状态,揭示了冷凝器主要设计参数对强化换热效果和最佳分液热力学状态的影响,建立了管壳式分液冷凝器的设计准则;进一步在 ORC 系统层面,评估了分液冷凝方法在单压蒸发 ORC 系统和双压蒸发 ORC 系统中相对传统冷凝方法的热经济性能优势,探究了系统工况条件对分液冷凝方法性能优势的影响,揭示了分液冷凝方法在 ORC 系统层面的适用工况和适用工质。主要结论如下所示。

在冷凝器层面,分液冷凝方法更适用于小管径、低管内流率、高管外流率和低冷却水温升的工况,相对传统冷凝方法的换热面积减小量更大。随分液级数增加,冷凝器的换热面积一直减小但减小幅度趋缓。最佳的分液热力学状态不会随管径和质量流率的增加而改变。本章还给出了 R1234ze(E)、R600a 和 R245fa 的最佳分液热力学状态及冷凝器换热面积的相对减小量。

在 ORC 系统层面,热源流量和吸热过程夹点温差的增加有利于增大分液冷凝方法的热经济性能优势,而冷凝过程夹点温差和冷却水温升的增加却会削弱分液冷凝方法的热经济性能优势。对于 R1234ze(E)、R600a 和 R245fa,分液冷凝方法的单位投资成本相对传统冷凝方法最多可分别下降 1.6%、1.9% 和 2.9%(两级分液冷凝)。

分液冷凝方法在单压蒸发 ORC 系统中降低单位投资成本的效果更显著,但在双压蒸发 ORC 系统中的冷凝器购买成本下降量更大。分液冷凝方法与双压蒸发循环可实现优势叠加。此外,从工质角度出发,临界温度高的纯工质更适宜采用分液冷凝方法,相对传统冷凝方法的热经济性能优势更显著。

第 7 章　分液冷凝对非共沸工质 ORC 的性能提升

7.1　本章引言

本章以采用 R600/R601a 非共沸工质的 ORC 系统作为研究对象,引入一级分液冷凝,评估分液冷凝方法对系统热经济性能的提升效果;以系统的单位投资成本最低为目标,对蒸发压力、蒸发器出口温度和分液热力学状态进行优化,获得系统在不同工况下的最佳设计方案;揭示系统的热经济性能特性,分析热源入口温度和工质组分对系统热经济性能的影响;选取传统冷凝方法作为比较对象,评估分液冷凝方法对非共沸工质热经济性能的提升效果,并通过与纯工质对比,探讨采用分液冷凝方法的非共沸工质在 ORC 系统中的应用潜力。

7.2　系 统 建 模

7.2.1　系统布置

对于采用一级分液冷凝的 R600/R601a 非共沸工质亚临界 ORC,其系统布置和循环过程分别如图 7.1 和图 7.2 所示。ORC 系统由逆流管壳式换热器、轴流式透平和离心式工质泵组成,循环过程介绍和工质在分液冷凝器中的流程特征介绍可分别见 2.2.1 节和 6.2.1 节。

但由于非共沸工质气液两相在冷凝过程中的组分不同,因此分液后非共沸工质的组分将发生变化[24,168],使得工质在第二流程中的组分与分液单元入口处气相的组分相同。工质组分的变化将导致冷凝过程的温度滑移特性和循环结构发生改变,从而有别于传统冷凝方法,如图 7.2 所示。研究中,仍以分液单元入口处的工质干度(x_{LSI})表征分液热力学状态,即分液单元在冷凝器中的位置[24,164]。R600 和 R601a 的主要物性参数如表 2.1 所示。

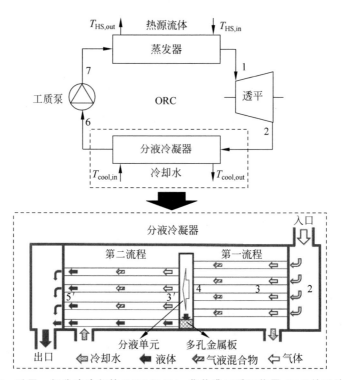

图 7.1　采用一级分液冷凝的 R600/R601a 非共沸工质亚临界 ORC 的系统布置

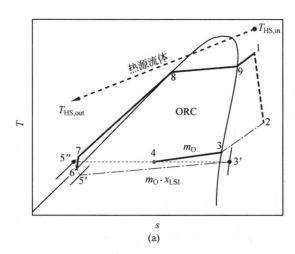

(a)

图 7.2　采用一级分液冷凝的 R600/R601a 非共沸工质亚临界 ORC 的热力过程

（a）循环过程；（b）冷凝过程的 T-Q

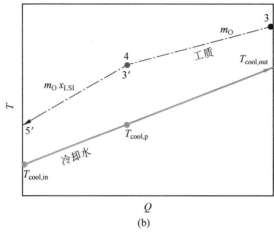

(b)

图 7.2（续）

7.2.2　数学模型

研究中，选取热水为热源流体，入口温度选取为 $100\sim200℃$，出口温度无特殊限制，压力选取与 2.2.2 节相同，热源流量选取为 5 kg/s。冷却水的入口温度选取为 20℃，压力选取为 101 kPa，在冷凝过程中的温升（$T_{cool,pp}-T_{cool,in}$）选取为 5℃。循环换热过程的夹点温差均选取为 5℃，透平和工质泵的内效率分别取为 0.8 和 0.75。为简化分析，本节采用与 2.2.2 节相同的系统模型假定和与 6.2.2 节相同的分液冷凝器模型假定，此外，还假设 ORC 系统中除冷凝器的第二流程外，非共沸工质的组分保持一致[95-96,201,213]。

对于采用一级分液冷凝的非共沸工质 ORC 系统，其热力性能的计算模型与 2.2.2 节中单压蒸发循环的热力性能计算模型基本相同，但由于工质冷凝滑移温度特性的改变，冷却水流量的计算模型存在一定差异，如式(7-1)所示：

$$\dot{m}_{cool}=\frac{\dot{m}_O(h_3-h_4)+\dot{m}_O x_{LSI}(h_{3'}-h_{5'})}{(h_{cool,pp}-h_{cool,in})} \tag{7-1}$$

对于逆流管壳式换热器，工质在管内流动，热源流体和冷却水在管外流动。对于各换热过程，换热面积的计算方法和计算模型见 5.2.2 节，换热器的参数选取与表 5.1 相同。然而非共沸工质的对流换热系数计算模型与纯工质有所不同，如表 7.1 所示。系统经济性能及其各部件购买成本的计算模型见 5.2.2 节。

表 7.1　R600/R601a 非共沸工质在各换热过程中的对流换热系数计算模型

换热过程	计 算 模 型
冷凝过程[219,225-226]	$\alpha=\dfrac{1}{\left[\dfrac{1}{\alpha(x)}+\dfrac{Z_{\mathrm{g}}}{\alpha_{\mathrm{g}}}\right]}$ $\alpha(x)=\dfrac{\lambda}{d}\left\{0.023Re_{\mathrm{L}}^{0.8}Pr_{\mathrm{l}}^{0.4}\left[(1-x)^{0.8}+\dfrac{3.8x^{0.76}(1-x)^{0.04}}{p^{*0.38}}\right]\right\}$ $Re_{\mathrm{L}}=Gd_{\mathrm{i}}/\mu_{\mathrm{l}},p^{*}=p_{\mathrm{cond}}/p_{\mathrm{c}},Z_{\mathrm{g}}=xc_{p,\mathrm{g}}T_{\mathrm{glide}}/h_{\mathrm{fg}}$ $\alpha_{\mathrm{g}}=0.023\dfrac{\lambda_{\mathrm{g}}}{d_{\mathrm{i}}}Re_{\mathrm{g}}^{0.8}Pr_{\mathrm{g}}^{0.4}$
预热、过热和过热降温过程[218]	$\alpha=\dfrac{\lambda}{d}\left[\dfrac{(f/8)(Re-1000)Pr}{1+12.7(f/8)^{1/2}(Pr^{2/3}-1)}\right]$ $f=[0.79\ln Re-1.64]^{-2}$ $\alpha=E\alpha_{\mathrm{ce}}+F_{\mathrm{M}}S\alpha_{\mathrm{nb}}$ $\alpha_{\mathrm{ce}}=0.023\dfrac{\lambda_{\mathrm{l}}}{d_{\mathrm{i}}}Re_{\mathrm{l}}^{0.8}Pr_{\mathrm{l}}^{0.4}$ $\alpha_{\mathrm{nb}}=207\dfrac{\lambda_{\mathrm{l}}}{(bd)}\left[\dfrac{q(bd)}{\lambda_{\mathrm{l}}T_{\mathrm{s}}}\right]^{0.674}\left(\dfrac{\rho_{\mathrm{g}}}{\rho_{\mathrm{l}}}\right)^{0.581}Pr_{\mathrm{l}}^{0.533}$ $(bd)=0.0146\beta\left[\dfrac{2\sigma}{g(\rho_{\mathrm{l}}-\rho_{\mathrm{g}})}\right]^{0.5},\beta=35°$
蒸发过程[227-229]	$E=C_{1}Bo^{C_{2}}X_{tt}^{C_{3}},Bo=\dfrac{q}{h_{\mathrm{fg}}G}$ $X_{tt}=\left(\dfrac{1-x}{x}\right)^{0.9}\left(\dfrac{\rho_{\mathrm{g}}}{\rho_{\mathrm{l}}}\right)^{0.5}\left(\dfrac{\mu_{\mathrm{l}}}{\mu_{\mathrm{g}}}\right)^{0.1}$ $S=C_{4}Co^{C_{5}},Co=\left(\dfrac{1-x}{x}\right)^{0.8}\left(\dfrac{\rho_{\mathrm{g}}}{\rho_{\mathrm{l}}}\right)^{0.5}$ $F_{\mathrm{M}}=\dfrac{1}{1+C_{\mathrm{M}}\{[c_{p,\mathrm{l}}(T_{\mathrm{dew}}-T_{\mathrm{bub}})]/h_{\mathrm{fg}}\}}$ $C_{1}=53.64,C_{2}=0.314,C_{3}=-0.839$ $C_{4}=0.927,C_{5}=0.319,C_{\mathrm{M}}=0.0028$

注：λ、Re、Pr、Bo、Co、T_{s}、ρ、σ、β、G、x、μ 和 c_{p} 分别是流体的导热系数、雷诺数、普朗特数、沸腾数、对流数、饱和温度、密度、表面张力、接触角、质量流率、干度、动力粘度和比定压热容；E、F_{M} 和 S 分别表示强化因子、混合相关系数和抑制因子；α_{ce} 和 α_{nb} 分别表示蒸发过程中的强迫对流换热系数和池沸腾换热系数；q 是热流密度；h_{fg}、T_{dew}、T_{bulb} 和 T_{glide} 分别表示流体相变过程的潜热、露点温度、泡点温度和滑移温度；X_{tt} 是马蒂内利数。

研究中,以系统的单位投资成本最低为目标,对蒸发压力、蒸发器出口温度和分液热力学状态进行优化。蒸发压力和蒸发器出口温度的选取范围与表 3.1 中单压蒸发循环的参数选取范围相同,分液热力学状态(x_{LSI})的选取范围为 0.05~0.95,计算间隔选取为 0.05。对于采用传统冷凝方法的ORC 系统,优化参数为蒸发压力和蒸发器出口温度,选取范围与采用分液冷凝方法的 ORC 系统相同。流体的热物理性质源于 REFPROP 9.1 软件[186],具体的优化流程见 2.2.3 节,非共沸工质相变过程夹点温差的确定方法参考 3.2 节。

7.3　传统冷凝方法的冷凝器购买成本

对于传统冷凝方法,R600/R601a 非共沸工质 ORC 系统在最佳工况下的冷凝器购买成本(PEC_{HRP}),以及在设备总购买成本中的占比(PEC_{HRP}/PEC_{total})如图 7.3 所示。一方面,非共沸工质的冷凝器购买成本始终高于R600,相对增加量达 11.3%~51.7%,如图 7.3(a)所示。当 R600 质量分数(ω_{R600})较高时,非共沸工质的冷凝器购买成本虽然有可能低于 R601a,如 R600 的质量分数为 0.9 时的非共沸工质,但当 R600 质量分数为 0.1~0.8 时,非共沸工质的冷凝器购买成本仍高于 R601a,相对增加量达 3.7%~21.6%。这说明非共沸工质的冷凝器购买成本会比两种组元纯工质的成本更高。相对于纯工质,非共沸工质不仅显著减小了冷凝过程的换热温差,而且由于传质阻力的存在[149-151],非共沸工质的冷凝换热系数也明显更低,因此,非共沸工质的冷凝器换热面积明显大于纯工质,导致其冷凝器购买成本更高。此外,在冷凝器入口处,R600 的密度一般最大,有助于提高 R600的冷凝换热系数,从而获得更小的换热面积,因此,R600 一般具有最低的冷凝器购买成本。

另一方面,如图 7.3(b)所示,采用传统冷凝方法,R600/R601a 非共沸工质 ORC 系统中冷凝器的购买成本占比高达 23.7%~39.2%,这说明冷凝器购买成本对 ORC 系统的总投资成本有显著影响。另外,冷凝器的购买成本占比会随热源入口温度的降低而增大,这说明对于低温热源,降低冷凝器的购买成本对于提升系统的热经济性能至关重要。此外,非共沸工质的冷凝器购买成本占比显著高于 R600,当 R600 的质量分数低于 0.7 时,还会高于 R601a,这说明相对于纯工质,冷凝器购买成本对非共沸工质 ORC系统的总投资成本有更显著的影响。

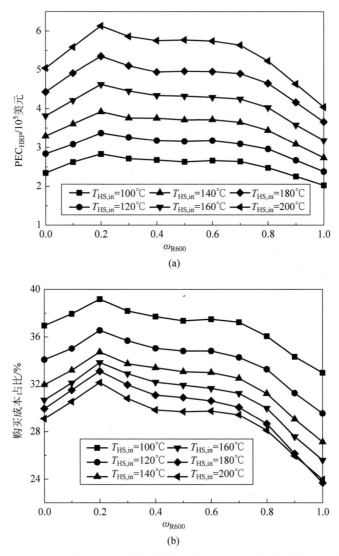

图 7.3 对于采用传统冷凝方法的 R600/R601a 非共沸工质 ORC 系统，最佳工况下的冷凝器购买成本及其占比

(a) 冷凝器购买成本；(b) 冷凝器的购买成本占比 PEC_{HRP}/PEC_{total}

　　总体而言，对于采用传统冷凝方法的 ORC 系统，冷凝器的购买成本占比较大，对系统热经济性能有显著影响，且 R600/R601a 非共沸工质的冷凝器购买成本及占比均会显著高于纯工质，对系统热经济性能的影响更突出。

7.4　参数的最佳选取

7.4.1　最佳分液热力学状态

对于 R600/R601a 非共沸工质 ORC 系统,在最佳的蒸发压力和蒸发器出口温度下,分液热力学状态(x_{LSI})对系统单位投资成本的影响如图 7.4 所示,其中,等于 1 的分液热力学状态用于表征未分液的传统冷凝方法。系统单位投资成本随分液热力学状态下降的变化规律由两方面因素共同影响:一方面,平均冷凝换热系数一般随分液热力学状态的下降先增加后减小,与纯工质的变化规律相似,如 6.3 节所述;另一方面,非共沸工质总的冷凝滑移温度会随分液热力学状态的下降而增大,由于冷却水入口温度和冷凝过程夹点温差的约束,非共沸工质的冷凝压力有可能随之增加[24],如图 7.5 所示,进而增大了冷凝过程中的整体换热温差,虽然可以降低冷凝器的购买成本,但也会导致系统的净输出功减小。较低的分液热力学状态有可能显著减小系统的净输出功,进而导致系统的单位投资成本升高。因此,对于 R600/R601a 非共沸工质,随分液热力学状态下降,系统单位投资成本的变化取决于分液热力学状态对平均冷凝换热系数、冷凝过程整体换热温差和系统净输出功的影响。总体而言,随分液热力学状态下降,系统的单位投资成本一般先减少后增加。

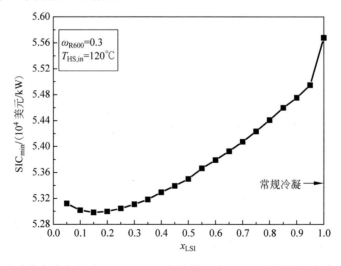

图 7.4　分液热力学状态对 R600/R601a 非共沸工质 ORC 系统单位投资成本的影响

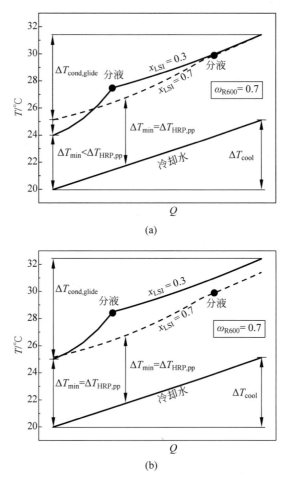

**图 7.5 对于 R600/R601a 非共沸工质,分液冷凝方法增大
冷凝滑移温度和冷凝压力**

（a）冷凝压力不变导致最小换热温差不满足夹点温差约束；

（b）满足夹点温差约束会导致冷凝压力升高

对于其他工质组分和热源入口温度,系统单位投资成本随分液热力学
状态下降的变化规律与图 7.4 相似,但获得最小单位投资成本的最佳分液
热力学状态有可能不同,因为对于不同的工质组分和热源入口温度,分液热
力学状态对冷凝器购买成本和系统净输出功的影响程度不同。表 7.2 列出
了 R600/R601a 非共沸工质 ORC 系统在不同热源入口温度下的最佳分液
热力学状态($x_{LSI,opt}$)。

表 7.2　R600/R601a 非共沸工质 ORC 系统在不同热源入口
温度下的最佳分液热力学状态

组　　分	100℃	120℃	140℃	160℃	180℃	200℃
R601a	0.30	0.30	0.30	0.30	0.30	0.30
$\omega_{R600}=0.1$	0.15	0.10	0.05	0.05	0.05	0.05
$\omega_{R600}=0.2$	0.25	0.15	0.10	0.10	0.05	0.05
$\omega_{R600}=0.3$	0.35	0.15	0.10	0.10	0.10	0.10
$\omega_{R600}=0.4$	0.25	0.15	0.10	0.10	0.10	0.10
$\omega_{R600}=0.5$	0.20	0.10	0.10	0.10	0.10	0.10
$\omega_{R600}=0.6$	0.15	0.10	0.10	0.10	0.10	0.10
$\omega_{R600}=0.7$	0.15	0.15	0.10	0.10	0.10	0.10
$\omega_{R600}=0.8$	0.15	0.15	0.15	0.15	0.15	0.15
$\omega_{R600}=0.9$	0.25	0.25	0.25	0.25	0.25	0.25
R600	0.35	0.35	0.35	0.35	0.35	0.35

　　对于纯工质和 R600 质量分数高于 0.8 的非共沸工质，最佳的分液热力学状态随热源入口温度的升高而保持不变。纯工质的原因可参考 6.4.1节中的解释，而对于 R600 质量分数高于 0.8 的非共沸工质，冷凝滑移温度较小，分液热力学状态变化对系统净输出功的影响较弱，因此，分液热力学状态的最佳选取主要取决于它对平均冷凝换热系数的影响，进而导致最佳的分液热力学状态随热源入口温度的升高而保持不变。但对于 R600 质量分数为 0.1～0.7 的非共沸工质，随热源入口温度升高，最佳的分液热力学状态倾向降低，原因在于：非共沸工质的冷凝滑移温度较大，使分液热力学状态对系统净输出功的影响较为显著，但最佳的蒸发压力和蒸发器出口温度会随热源入口温度的升高而增大，冷凝压力升高对系统净输出功的影响程度逐渐减弱，而降低冷凝器的购买成本更有助于获得更低的系统单位投资成本，因此，最佳的分液热力学状态会随热源入口温度的升高而倾向降低，以使冷凝过程的整体换热温差更大，冷凝器的购买成本更低。

7.4.2　最佳循环参数

　　相对于传统冷凝方法，分液冷凝方法的引入一般会改变 R600/R601a非共沸工质，甚至是纯工质 ORC 系统的最佳循环参数。分液冷凝方法改变纯工质 ORC 系统最佳循环参数的原因参考 6.4.2 节。而对于非共沸工质，分液冷凝方法的引入不仅会显著降低冷凝器的购买成本，还会改变循环结构,增大冷凝压力,这也是分液冷凝方法改变非共沸工质 ORC 系统最佳循环参数的重要原因。

传统冷凝方法和分液冷凝方法的最佳冷凝压力如图 7.6 所示。对于传统冷凝方法,最佳冷凝压力随热源入口温度的升高而保持不变,但会随 R600 质量分数的增加而增加,原因在于,R600 相对于 R601a 具有更低的临界温度和更高的临界压力。相对于传统冷凝方法,采用分液冷凝方法时,对于纯工质和 R600 质量分数高于 0.9 的非共沸工质,最佳冷凝压力保持不变;而对于 R600 质量分数低于 0.9 的非共沸工质,最佳冷凝压力会因冷凝滑移温度的显著增加而增大。另外,随热源入口温度升高,对于纯工质和 R600 质量分数高于 0.8 的非共沸工质,最佳冷凝压力保持不变;而对于 R600 质量分数低于 0.8 的非共沸工质,最佳冷凝压力会先升高后保持不变,原因在于,最佳的分液热力学状态会随热源入口温度的升高先降低后保持不变,而分液热力学状态的降低会增大工质的冷凝滑移温度,导致冷凝压力升高,如图 7.6 所示。此外,对于分液冷凝方法,最佳冷凝压力随 R600 质量分数的增加而增大,但增加量先减小($\omega_{R600} < 0.8$)后增大,这是由工质冷凝滑移温度和最佳分液热力学状态的变化规律共同导致的。

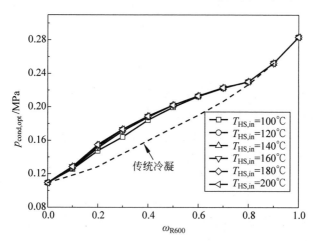

图 7.6 传统冷凝方法和分液冷凝方法的最佳冷凝压力

传统冷凝方法和分液冷凝方法的最佳蒸发压力如图 7.7 所示。对于这两种方法,随热源入口温度和 R600 质量分数的增加,最佳蒸发压力的变化规律相似,均会逐渐增大。由于相对于传统冷凝方法,分液冷凝方法有可能改变 ORC 系统的最佳循环参数,因此,分液冷凝方法的最佳蒸发压力有可

能高于、等于或低于传统冷凝方法,在研究的工况范围内,最佳蒸发压力的
相对变化量介于−2.7%和 6.3%之间。

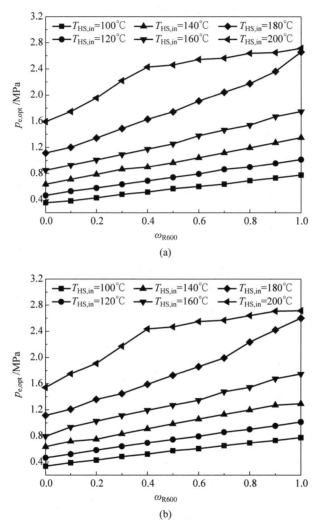

(a)

(b)

图 7.7　传统冷凝方法和分液冷凝方法的最佳蒸发压力

(a) 传统冷凝方法;(b) 分液冷凝方法

　　传统冷凝方法和分液冷凝方法的蒸发器最佳出口温度如图 7.8 所示。
随热源入口温度和 R600 质量分数的增加,两种方法的蒸发器最佳出口温
度的变化规律相似。随热源入口温度升高,蒸发器最佳出口温度增加且增

加量逐渐增大。随 R600 的质量分数增加,蒸发器最佳出口温度的变化规律相对复杂,因为最佳出口温度不仅会受到最佳蒸发压力的影响,还会受到工质蒸发滑移温度的影响,但除了热源入口温度为 200℃的工况外,蒸发器最佳出口温度的变化量相对较小。另外,对于传统冷凝方法和分液冷凝方法,当 R600 质量分数高于 0.5 且热源入口温度为 200℃时,蒸发器最佳出口温度高于最佳蒸发压力所对应的下限,这说明需采用适当的过热度以获得系统的最小单位投资成本。而对于其他工质组分和热源入口温度,蒸发

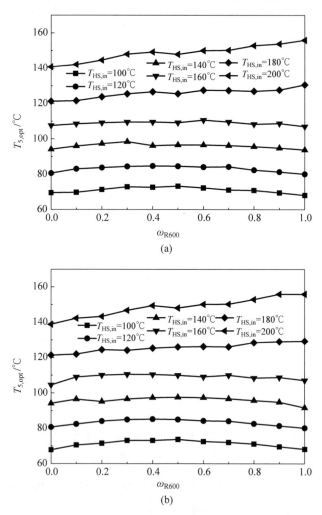

图 7.8　传统冷凝方法和分液冷凝方法的蒸发器最佳出口温度
(a) 传统冷凝方法;(b) 分液冷凝方法

器最佳出口温度与最佳蒸发压力所对应的下限相等,这说明采用最小的过热度有利于获得系统的最小单位投资成本。此外,对于传统冷凝方法和分液冷凝方法,蒸发器最佳出口温度的对比结果与最佳蒸发压力的对比结果相似,但变化量更小,在研究的工况范围内,蒸发器最佳出口温度的绝对变化量介于 $-1.1\,℃$ 和 $6.6\,℃$ 之间。

　　总体而言,相对于传统冷凝方法,当 R600 的质量分数低于 0.9 时,分液冷凝方法会增大 R600/R601a 非共沸工质的最佳冷凝压力。对于传统冷凝方法和分液冷凝方法,随热源入口温度和 R600 质量分数的增加,最佳蒸发压力和蒸发器最佳出口温度的变化规律虽然相似,但具体数值可能存在一定差异。

7.5　性 能 对 比

7.5.1　冷凝换热系数对比

　　对于 R600/R601a 非共沸工质,为直接地评估分液冷凝方法提升冷凝换热性能的效果,本节分析了最佳工况下的平均冷凝换热系数。鉴于分液冷凝方法会导致非共沸工质的冷凝过程发生阶跃变化,T-Q 图中的冷凝过程曲线会出现转折点,如图 7.5 所示,因此,引入积分平均换热温差以实现冷凝过程的平均换热系数评估,计算式如下[148]:

$$\Delta T_{\mathrm{cond,int}} = \frac{Q_{\mathrm{cond,total}}}{\left(\dfrac{Q_{\mathrm{cond,1}}}{\Delta T_{\mathrm{cond,m1}}} + \dfrac{Q_{\mathrm{cond,2}}}{\Delta T_{\mathrm{cond,m2}}}\right)} \tag{7-2}$$

式中,$Q_{\mathrm{cond,total}}$ 表示冷凝过程的总换热量;$Q_{\mathrm{cond,1}}$ 和 $Q_{\mathrm{cond,2}}$ 分别表示第一流程和第二流程(3→4 过程和 3′→5′过程)的换热量;$\Delta T_{\mathrm{cond,m1}}$ 和 $\Delta T_{\mathrm{cond,m2}}$ 分别表示第一流程和第二流程的对数平均换热温差。

　　冷凝过程的平均换热系数为

$$U_{\mathrm{cond,ave}} = \frac{Q_{\mathrm{cond,total}}}{A_{\mathrm{cond,total}}\Delta T_{\mathrm{cond,int}}} \tag{7-3}$$

式中,$A_{\mathrm{cond,total}}$ 表示冷凝过程的总换热面积。

　　采用传统冷凝方法,R600/R601a 非共沸工质在最佳工况下的平均冷凝换热系数如图 7.9 所示。随热源入口温度升高,平均冷凝换热系数逐渐降低,原因在于,最佳蒸发压力和蒸发器最佳出口温度会随之而增加,导致冷凝器入口处的工质密度减小,从而降低平均冷凝换热系数。另外,随R600的质量分数增加,平均冷凝换热系数先降低后增加,当热源入口温度为 $100\sim120℃$ 和 $140\sim200℃$ 时,最低的平均冷凝换热系数分别出现在R600的质量分数为 0.4 和 0.3 处,这也说明 R600/R601a 非共沸工质的冷凝换热性能会劣于其组元纯工质。当热源入口温度为 $100\sim200℃$ 时,R600和 R601a 的平均冷凝换热系数相对于 R600/R601a 非共沸工质最多可分别增加 $28.1\%\sim31.2\%$ 和 $2.7\%\sim3.2\%$。工质在冷凝器入口处的流速相同,但 R600 因为冷凝压力更高,入口处的工质密度更大,使得其质量流率更大,有利于获得更高的平均冷凝换热系数,因此,R600 的平均冷凝换热系数会显著高于 R600/R601a 非共沸工质。此外,R600/R601a 非共沸工质的传质阻力也是导致其平均冷凝换热系数低于组元纯工质的重要原因,特别是相对于 R601a 而言。

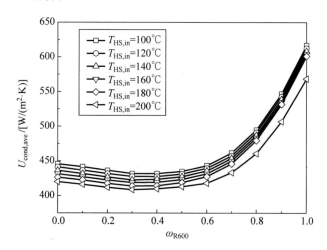

**图 7.9　采用传统冷凝方法,R600/R601a 非共沸工质在
最佳工况下的平均冷凝换热系数**

采用分液冷凝方法,R600/R601a 非共沸工质在最佳工况下的平均冷凝换热系数及相对传统冷凝方法的增加量 $(U_{cond,ave,LSC}-U_{cond,ave,con})/U_{cond,ave,con}$ 如图 7.10 所示。对于分液冷凝方法,平均冷凝换热系数随热源入口温度的升高而降低,随 R600 质量分数的增加先降低后升高。R600 的平均冷凝换热系数仍然是最高的,且 R600/R601a 非共沸工质的平均冷凝换热系数仍会低于组元纯工质,原因主要在于,R600 在冷凝器入口处的密度仍然最大,而非共沸工质仍存在传质阻力的影响。此外,本章采用 ORC

系统的单位投资成本最低作为优化目标，而非平均冷凝换热系数最高，这也是导致出现上述结果的重要原因。

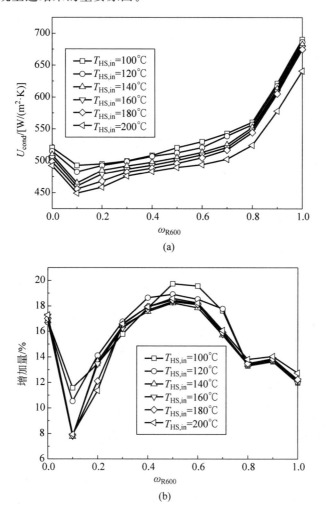

(a)

(b)

图 7.10　采用分液冷凝方法，R600/R601a 非共沸工质在最佳工况下的平均冷凝换热
系数及相对于传统冷凝方法的增加量($U_{cond,ave,LSC} - U_{cond,ave,con}$)/$U_{cond,ave,con}$

（a）平均冷凝换热系数；（b）相对于传统冷凝方法的增加量

然而，如图 7.10(b)所示，相对于传统冷凝方法，分液冷凝方法可显著提高 R600/R601a 非共沸工质的平均冷凝换热系数，且增加量明显高于纯工质。当热源入口温度为 100～200℃时，R600/R601a 非共沸工质的最大相对提高量为 18.2%～19.7%,而 R600 和 R601a 的相对提高量仅分别为 12.0%～12.8% 和 16.7%～17.3%。对于 R600/R601a 非共沸工质,分液冷凝方法不仅可使工质在冷凝过程中的干度得到陡增,而且通过分液可有效降低传质阻力。因此,采用分液冷凝方法,非共沸工质平均冷凝换热系数的提高幅度更大。

此外,在分液冷凝的第二流程中,非共沸工质的 R600 质量分数会增大,因为 R601a 的露点温度更高,在分液过程中会有更多的 R601a 被分离。对于热源入口温度为 100～120℃ 和 140～200℃ 的工况,当 R600 的质量分数分别低于 0.4 和 0.3 时,平均冷凝换热系数会随 R600 质量分数的增加而减小,如图 7.9 所示。因此,对于 R600 的质量分数较低的非共沸工质,第二流程(分液后)的冷凝换热系数有可能低于第一流程(分液前)。相比于 R600 的质量分数较高的非共沸工质,引入分液冷凝方法所获得的平均冷凝换热系数增加量会更小,尽管其平均冷凝换热系数也会被显著提高。例如,对于 R600 的质量分数为 0.1 非共沸工质,其平均冷凝换热系数的相对增加量就明显低于其他组分的非共沸工质,如图 7.10(b)所示。另外,相对于传统冷凝方法,当 R600 的质量分数低于 0.9 时,分液冷凝方法的最佳冷凝压力会增大;但当 R600 的质量分数高于 0.9 时,分液冷凝方法的最佳冷凝压力保持不变。而低的冷凝压力会使工质在冷凝器中的质量流率降低,有助于分液冷凝方法获得更大的换热系数提高量[164]。因此,对于 R600 的质量分数为 0.9 的非共沸工质,平均冷凝换热系数的相对增加量会略高于 R600 的质量分数为 0.8 的非共沸工质。

总体而言,相对于传统冷凝方法,分液冷凝方法可显著提高 R600/R601a 非共沸工质在最佳工况下的平均冷凝换热系数,且增加量明显高于纯工质。

7.5.2　净输出功对比

采用传统冷凝方法,R600/R601a 非共沸工质 ORC 系统在最佳工况下的净输出功如图 7.11 所示。系统的净输出功会随热源入口温度的升高而增加。当 R600 的质量分数低于 0.8 时,增加量逐渐增大,但当 R600 的质量分数高于 0.8 时,增加量先增大后减小。另外,对于 R600/R601a 非共沸工质,当热源入口温度为 100～160℃ 时,净输出功相对于 R600 和 R601a 可分别增加 2.8%～13.9% 和 8.9%～18.7%;当热源入口温度为 200℃ 时,净输出功相对于 R600 和 R601a 也可分别增加 9.7% 和 9.4%;但当热源入口温度为 180℃ 时,净输出功虽然相对于 R601a 增加了 11.4%,但会低于

R600。总体而言,对于传统冷凝方法,在获得最小单位投资成本的最佳工况下,R600/R601a 非共沸工质相对于纯工质可显著增大 ORC 系统的净输出功,提高热功转换效率。

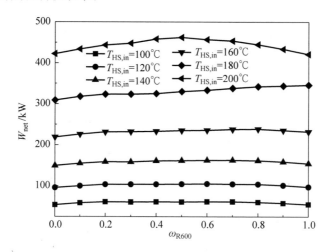

**图 7.11　采用传统冷凝方法,R600/R601a 非共沸工质
ORC 系统在最佳工况下的净输出功**

采用分液冷凝方法,R600/R601a 非共沸工质 ORC 系统在最佳工况下的净输出功及它相对传统冷凝方法的变化量$[(W_{net\_LSC} - W_{net\_cond})/W_{net\_cond}]$如图 7.12 所示。对于分液冷凝方法,系统净输出功随热源入口温度升高的变化规律与传统冷凝方法相同,但两者随 R600 的质量分数增加的变化规律有所不同,如图 7.12(a)所示。

相对于传统冷凝方法,分液冷凝方法会升高 R600/R601a 非共沸工质的冷凝压力,导致 ORC 系统的净输出功降低,最大的相对下降量达 12.9%,如图 7.12(b)所示。净输出功的相对下降量一般随 R600 的质量分数的增加先增大后减小。当 R600 的质量分数为 0.2～0.8 时,净输出功的相对下降量会随热源入口温度的升高而减小,原因在于冷凝压力升高对净输出功的影响逐渐减弱。但当 R600 的质量分数低于 0.2 或高于 0.8 时,由于最佳工况会发生改变,随热源入口温度升高,净输出功相对下降量的变化规律相对复杂。此外,分液冷凝方法也可能改变纯工质 ORC 系统的净输出功,这也是由最佳工况改变导致的。分液冷凝方法有可能增大纯工质的净输出功。例如,对于热源入口温度为 100℃、160℃和 200℃的工况,R601a 的净输出功会被增大。然而,对于采用分液冷凝方法的 ORC 系统,R600/R601a

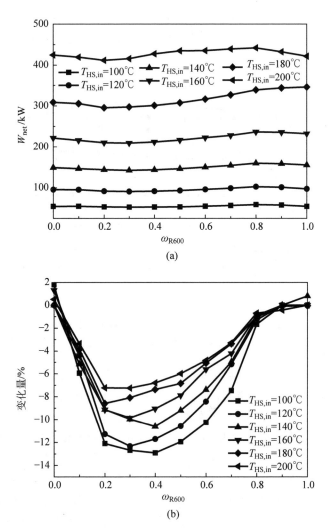

(a)

(b)

图 7.12　采用分液冷凝方法，R600/R601a 非共沸工质 ORC 系统在最佳工况下的净输出功 及它相对传统冷凝方法的变化量$(W_{net\_LSC}-W_{net\_cond})/W_{net\_cond}$

（a）净输出功；（b）相对传统冷凝方法的变化量

非共沸工质在最佳工况下的净输出功仍大于 R601a，相对增加量为 4.1%～ 13.7%，当热源入口温度分别为 100～160℃和 200℃时，其净输出功也大于 R600，相对增加量分别为 1.9%～9.0%和 4.8%。

　　总体而言，对于 R600/R601a 非共沸工质 ORC 系统，相对于传统冷凝 方法，分液冷凝方法虽然有可能降低最佳工况下的净输出功，但非共沸工质的净输出功仍高于纯工质,且非共沸工质获得更大净输出功的热源入口温度范围也保持不变。

7.5.3　单位投资成本对比

采用传统冷凝方法,R600/R601a 非共沸工质 ORC 系统的最小单位投资成本如图 7.13 所示。系统的最小单位投资成本随热源入口温度的升高而降低且下降量逐渐减小,但会随 R600 质量分数的增加先升高后降低,在 R600 质量分数为 0.2 处取得最大值。R600 的单位投资成本最低,说明其热经济性能最好。而 R600/R601a 非共沸工质的最小单位投资成本相对 R600 增加了 1.3%～11.9%,且相对增加量会随热源入口温度的升高先增大($T_{HS,in}$＜180℃)后减小。对于 R600/R601a 非共沸工质,R601a 较差的热经济性能是导致其最小单位投资成本高于 R600 的重要原因,但其最小单位投资成本也会高于 R601a,且相对增加量随热源入口温度的升高而增大。当热源入口温度为 200℃时,R600/R601a 非共沸工质的最小单位投资成本相对于 R601a 增加了 0.2%～4.8%,相对于 R600 增加了 2.8%～7.5%,这说明 R600/R601a 非共沸工质的热经济性能最差。R600/R601a 非共沸工质的单位投资成本更高,原因主要在于其变温相变特性导致换热温差较小,而传质阻力作用又降低了相变过程的换热系数,这些因素共同增大了换热器的购买成本,使系统的总投资成本升高,热经济性能恶化。总体

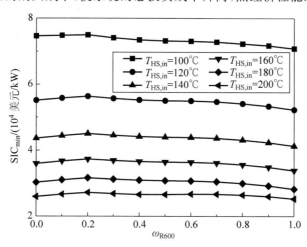

图 7.13　采用传统冷凝方法,R600/R601a 非共沸工质 ORC 系统的最小单位投资成本

而言,采用传统冷凝方法,R600/R601a 非共沸工质的热经济性能明显劣于纯工质,这成为非共沸工质在 ORC 系统中应用的关键阻碍。

采用分液冷凝方法,R600/R601a 非共沸工质 ORC 系统的最小单位投资成本及相对于传统冷凝方法的下降量$(\mathrm{SIC_{con}} - \mathrm{SIC_{LSC}})/\mathrm{SIC_{con}}$ 如图 7.14 所示。对于分液冷凝方法,系统最小单位投资成本随热源入口温度升高的变化规律与传统冷凝方法相同,但随 R600 的质量分数增加的变化规律略微不同,如图 7.14(a)所示。其中,当热源入口温度为 100℃时,对于 R600 的质量分数为 0.9 的非共沸工质,其最小单位投资成本低于 R600,相对下降 0.05%;当热源入口温度为 120~180℃时,虽然非共沸工质的最小单位投资成本仍高于 R600,但最小的相对增加量仅为 0.9%~2.0%,出现在 R600 的质量分数为 0.9 处,明显低于传统冷凝方法。特别是对于入口温度为 200℃的热源,当 R600 的质量分数为 0.2~0.6 时,非共沸工质的最小单位投资成本低于 R600,最大的相对下降量达 1.8%,出现在 R600 的质量分数为 0.4 处。另外,对于分液冷凝方法,当热源入口温度为 100~200℃时,R600/R601a 非共沸工质的最小单位投资成本始终低于 R601a,相对下降量达 3.5%~4.5%。上述结果说明,采用分液冷凝方法可以显著削弱非共沸工质相对于纯工质的热经济性能劣势,甚至是帮助非共沸工质获得比纯工质更低的单位投资成本、更好的热经济性能。

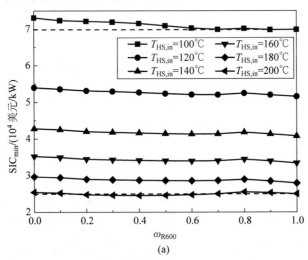

**图 7.14   采用分液冷凝方法,R600/R601a 非共沸工质 ORC 系统的最小单位
投资成本及相对于传统冷凝方法的下降量**

(a) 最小单位投资成本;(b) 相对传统冷凝方法的下降量

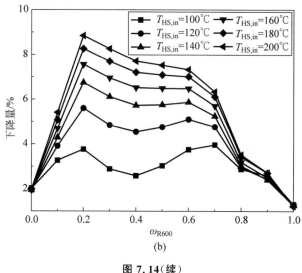

图 7.14(续)

对于 R600/R601a 非共沸工质 ORC 系统,分液冷凝方法相对于传统冷凝方法的单位投资成本下降量如图 7.14(b)所示。非共沸工质的单位投资成本下降量明显高于纯工质:当热源入口温度为 100～200℃ 时,R600/R601a 非共沸工质的单位投资成本下降量最多为 4.0%～8.8%,而 R600 和 R601a 的单位投资成本下降量仅分别为 1.2%～1.3% 和 1.9%～2.0%,这说明,分液冷凝方法提升非共沸工质 ORC 系统热经济性能的效果更好。另外,对于 R600 的质量分数低于 0.8 的非共沸工质,随热源入口温度升高,分液冷凝方法的单位投资成本下降量逐渐增大,说明分液冷凝方法的优势逐渐增强,在高温热源下的应用潜力更大。但对于 R600 的质量分数高于 0.8 的非共沸工质,随热源入口温度升高,分液冷凝方法的单位投资成本下降量会先减小后增大,与纯工质的变化规律相似(见第 6 章),这与非共沸工质相变滑移温度较小,物性与纯工质接近密切相关。

此外,当 R600 的质量分数低于 0.2 时,随 R600 的质量分数增加,分液冷凝方法的单位投资成本下降量会快速增加,原因主要在于,最佳的分液热力学状态会随之下降,如表 7.2 所示。分液热力学状态的下降会大幅增加冷凝过程的换热温差,虽然会减小系统的净输出功,如图 7.12(b)所示,但冷凝器购买成本的下降量更大。因此,分液冷凝方法的单位投资成本下降量会快速增加。当 R600 的质量分数为 0.2～0.6 时,对于分液冷凝方法的单位投资成本下降量,系统净输出功变化对其变化规律的影响更显著。因此,当热源入口温度为 100～140℃ 时,单位投资成本的下降量会随 R600 的质量分数的增加先减小后增大,而当热源入口温度为 160～200℃ 时,冷凝换热系数增加的影响相对增强,导致单位投资成本下降量会随 R600 的质量分数的增加而减小。当 R600 的质量分数为 0.6～0.8 且热源入口温度为 120～200℃ 时,随 R600 的质量分数增加,单位投资成本下降量的减小主要是由冷凝换热系数降低导致的。此外,当 R600 的质量分数为 0.8～0.9 时,随 R600 的质量分数增加,冷凝换热系数的增加量也略微增大,如图 7.10(b) 所示,这将导致单位投资成本下降量虽然继续减小,但减小量会略微增大。

综上所述,对于 R600/R601a 非共沸工质 ORC 系统,分液冷凝方法的引入虽然会降低系统的净输出功,但冷凝器购买成本的下降量更大。因此,相对于传统冷凝方法,分液冷凝方法可显著降低系统的单位投资成本,且下降量明显大于纯工质 ORC 系统。

7.6 应用潜力评估

对于采用分液冷凝方法的 R600/R601a 非共沸工质,为进一步评估它在 ORC 系统中的应用潜力,本节选取非共沸工质的最佳组分与最佳纯工质(R600,其单位投资成本低于 R601a)开展热经济性能对比,如图 7.15 所示。其中,对于传统冷凝方法,非共沸工质中 R600 的最佳质量分数为 0.9,而对于分液冷凝方法,当热源入口温度分别为 100～180℃ 和 200℃ 时,非共沸工质中 R600 的最佳质量分数分别为 0.9 和 0.4。

采用传统冷凝方法,对于入口温度为 100～200℃ 的热源,R600/R601a 非共沸工质的最小单位投资成本始终高于 R600,相对增加了 1.3%～3.6%,说明其热经济性能始终更差。此外,当热源入口温度为 180℃ 时,R600/R601a 非共沸工质在最佳工况下的净输出功相对 R600 也下降了 0.6%,说明其热力性能也更差,尽管在其他热源入口温度下,R600/R601a 非共沸工质在最佳工况下的净输出功相对 R600 增加了 1.4%～5.6%。总体而言,采用传统冷凝方法,相比 R600,R600/R601a 非共沸工质的热经济性能较差,在 ORC 系统中的应用潜力较弱。

对于图 7.15 中的 R600/R601a 非共沸工质,相对于传统冷凝方法,分液冷凝方法的引入可将系统的最小单位投资成本降低 2.4%～5.7%,而 R600 的相对下降量仅为 1.2%～1.3%,说明分液冷凝方法降低非共沸工

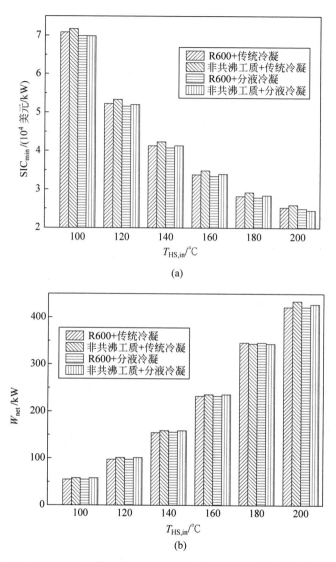

图 7.15　R600/R601a 非共沸工质（最佳组分）和 R600 的热经济性能对比

（a）最小单位投资成本；（b）最佳工况下的净输出功

质单位投资成本的效果更显著，这有望帮助非共沸工质获得比最佳纯工质
更好的热经济性能。

目前，采用传统冷凝方法的纯工质 ORC 系统在研究应用中最常见，因
此本节将它选为对比基准。对于采用分液冷凝方法的 R600/R601a 非共沸

工质,相比于采用传统冷凝方法的 R600,当热源入口温度为 180℃时,系统的最小单位投资成本增加了 0.8%,最佳工况下的净输出功也下降了 0.7%。由于热经济性能较差,因此采用分液冷凝方法的 R600/R601a 非共沸工质在此热源入口温度下并不适用。当热源入口温度为 140~160℃时,相对于采用传统冷凝方法的 R600,采用分液冷凝方法的 R600/R601a 非共沸工质的最小单位投资成本仅增加了 0.1%~0.8%,但最佳工况下的净输出功增加了 1.4%~4.0%。由于显著增加的净输出功和几乎相等的单位投资成本,因此采用分液冷凝方法的 R600/R601a 非共沸工质在此热源入口温度区间具有一定的应用潜力。当热源入口温度分别为 100~120℃和 200℃时,采用分液冷凝方法的 R600/R601a 非共沸工质,其最小单位投资成本相对于采用传统冷凝方法的 R600 分别下降了 0.4%~1.4%和 3.0%,且最佳工况下的净输出功分别增加了 4.0%~5.6%和 1.4%。这说明,采用分液冷凝方法的 R600/R601a 非共沸工质可以获得更好的热经济性能,在此热源入口温度区间具有较大的应用潜力。总体而言,相比于采用传统冷凝方法的 R600,分液冷凝方法可使 R600/R601a 非共沸工质在热源入口温度分别为 100~120℃和 200℃时获得更好的热经济性能,在热源入口温度为 140~160℃时,也可使 R600/R601a 非共沸工质在 ORC 系统中具有一定的应用潜力。此外,研究结果也表明,对于采用分液冷凝方法的 R600/R601a 非共沸工质,热源入口温度对它在 ORC 系统中的应用潜力有至关重要的影响。

　　相比于采用分液冷凝方法的 R600,当热源入口温度为 180℃时,采用分液冷凝方法的 R600/R601a 非共沸工质,其最小单位投资成本相对增加了 2.0%,最佳工况下的净输出功相对下降了 0.6%,说明采用分液冷凝方法的 R600/R601a 非共沸工质在此热源入口温度下并不适用。当热源入口温度为 120~160℃时,采用分液冷凝方法的 R600/R601a 非共沸工质,其最小单位投资成本相对于采用分液冷凝方法的 R600 增加了 0.9%~1.7%,且增加量随热源入口温度的升高而增大,但最佳工况下的净输出功相对增加了 1.4%~4.0%。当热源入口温度分别为 100℃和 200℃时,采用分液冷凝方法的 R600/R601a 非共沸工质,其最小单位投资成本相对于采用分液冷凝方法的 R600 分别下降了 0.05%和 1.8%,且最佳工况下的净输出功分别增加了 5.6%和 1.4%。这说明,采用分液冷凝方法的 R600/R601a 非共沸工质具有更好的热经济性能,在此热源入口温度区间的应用潜力巨大。总体而言,尽管分液冷凝方法也能提升 R600 的热经济性能,但当热源入口温度分别为 100℃和 200℃时,采用分液冷凝方法可使 R600/R601a 非共沸工质的热经济性能优于采用分液冷凝方法的 R600。此外,当热源入口温度为 120～160℃时,采用分液冷凝方法,R600/R601a 非共沸工质相对于 R600 的经济性能劣势可得到有效改善,而其热力性能优势仍然保留。

综上所述,分液冷凝方法可与非共沸工质实现优势叠加、相互促进,有助于推动非共沸工质在 ORC 系统中的应用,提升 ORC 系统的综合性能。此外,采用分液冷凝方法的非共沸工质在 ORC 系统中的应用潜力与热源入口温度密切相关。

7.7　本 章 小 结

本章将分液冷凝方法引入 R600/R601a 非共沸工质 ORC 系统,以系统的单位投资成本最低为优化目标,获得了不同工况下循环参数和分液热力学状态的最佳选取方案,揭示了系统的热经济性能特性;选取传统冷凝方法作为比较对象,评估了分液冷凝方法对非共沸工质热经济性能的提升效果,并通过与纯工质对比,探讨了采用分液冷凝方法的非共沸工质在 ORC 系统中的应用潜力。主要结论如下所示。

分液冷凝方法可将 R600/R601a 非共沸工质的平均冷凝换热系数相对传统冷凝方法提高 18.2%～19.7%,而 R600 和 R601a 的相对提高量仅分别为 12.0%～12.8%和 16.7%～17.3%。与传统冷凝方法相比,分液冷凝方法还会改变非共沸工质 ORC 系统的最佳工况,一般会导致最佳冷凝压力升高。

分液冷凝方法可与非共沸工质实现优势叠加、相互促进。相对于传统冷凝方法,分液冷凝方法可使 R600/R601a 非共沸工质 ORC 系统的单位投资成本最多下降 4.0%～8.8%,且下降量显著高于纯工质(R600 和 R601a) ORC 系统(1.2%～2.0%),有助于提升 ORC 系统的综合性能。

第8章 结论与展望

本书以 200℃ 以下中低温热能的高效热功转换为目标,以 ORC 为研究对象,以减少换热过程烟损为突破口,提出了构建"多压蒸发、分液冷凝"非共沸工质 ORC 新循环的研究思路,新循环的构建灵活度高、热源适应性好、适用性强,可实现多压蒸发、分液冷凝和非共沸工质的优势叠加,具有提高热功转换效率的巨大潜力。

本研究首先论证了纯工质双压蒸发循环的热力性能优势,揭示了最佳循环形式(双压或单压蒸发循环)、工质物性和热源温度间的耦合关系,建立了最佳循环的定量化判据。然后,为进一步提高热功转换效率,本研究在双压蒸发循环中引入非共沸工质,构建了非共沸工质双压蒸发循环,揭示了热源温度和工质组分对两者结合优势的影响,评估了所获得的收益及其适用范围;又引入超临界吸热过程,提出了超临界-亚临界吸热过程相耦合的双压吸热新循环,建立了新循环在不同工况下的设计准则,揭示了新循环的热力性能及其热力学完善度;再从热经济性能角度评估了双压蒸发循环的应用潜力,探究双压蒸发循环的适用工况及适用工质;与之前双压蒸发循环热力性能的研究相互补充,得到了更全面的评价。

最后,本书针对新兴的分液冷凝方法,先在冷凝器层面,探究了强化换热效果及最佳的分液热力学状态,揭示了冷凝器设计参数对强化换热效果和最佳分液热力学状态的影响,建立了分液冷凝器的设计准则;在系统层面,评估了分液冷凝方法在单压蒸发 ORC 系统和双压蒸发 ORC 系统中相对于传统冷凝方法的性能优势,探究了系统工况条件对其性能优势的影响;又进一步将分液冷凝方法引入非共沸工质 ORC 系统,揭示了系统的热经济性能特性,评估了分液冷凝方法对非共沸工质热经济性能的提升效果,并探讨了采用分液冷凝方法的非共沸工质在 ORC 系统中的应用潜力。

本书的主要结论如下所示。

(1) 双压蒸发循环可有效提高纯工质 ORC 系统的热功转换效率。对于 9 种纯工质,双压蒸发循环的净输出功相对于单压蒸发循环可增加

21.4%～26.7%，且热源入口温度越低，双压蒸发循环的热力性能优势越显著。双压蒸发循环的适用热源温度范围一般随工质临界温度的升高而增大，其上限与工质的临界温度存在正相关的线性关系。

（2）基于双压蒸发循环，引入非共沸工质可进一步提高 ORC 系统的热功转换效率。R600a/R601a 非共沸工质双压蒸发循环的净输出功，相对于 R600a 双压蒸发循环和 R600a/R601a 非共沸工质单压蒸发循环可分别增加 11.9% 和 25.7%。临界温度高的非共沸工质更适合采用双压蒸发循环，一般可以获得更大的适用热源温度范围和净输出功增量。

（3）双压吸热新循环可实现效率提高和吸热量增加的兼顾，显著提高热功转换效率，还可弥补双压蒸发循环在高温热源下相对于单压蒸发循环不再具有热力性能优势的缺陷。对于 R1234ze(E)，双压吸热循环的净输出功相对于单压蒸发循环、跨临界循环和双压蒸发循环可分别增加 19.9%、49.8% 和 20.4%，且 R1234ze(E) 双压吸热循环的外部㶲效率可高达 92.4%～94.9%，使循环与热源取得了接近理想的温度匹配程度。此外，双压吸热循环在提高热功转换效率方面，对工质种类也有较强的适应性。

（4）相对于单压蒸发循环，双压蒸发循环可以获得更好的热经济性能。对于 R245fa，双压蒸发 ORC 系统的单位投资成本最多可相对下降 0.6%，同时净输出功相对增加 21.9%。而预热器和蒸发器总购买成本的显著增加是恶化双压蒸发循环热经济性能的关键因素。此外，从热经济性能角度，双压蒸发循环更适用于热源流量大、吸热过程夹点温差大的工况，临界温度高的工质更适宜采用双压蒸发循环。

（5）分液冷凝方法在冷凝器层面更适用于小管径、低管内流率、高管外流率和低冷却水温升的工况，相对于传统冷凝方法的换热面积减小量更大。随分液级数增加，冷凝器的换热面积一直减小但减小幅度趋缓。最佳的分液热力学状态不会随管径和流率的增加而改变。对于纯工质 ORC 系统，分液冷凝方法可将系统的单位投资成本降低 1.6%～2.9%（两级分液冷凝），热源流量和吸热过程夹点温差的增加会增大其性能优势。分液冷凝方法还可与双压蒸发循环实现优势叠加。此外，对于临界温度高的工质，分液冷凝方法相对传统冷凝方法的热经济性能优势更显著。

（6）分液冷凝方法可与非共沸工质实现优势叠加、相互促进。相对传统冷凝方法，分液冷凝方法可使 R600/R601a 非共沸工质 ORC 系统的单位投资成本下降 4.0%～8.8%，且下降量显著高于纯工质（R600 和 R601a）ORC 系统（1.2%～2.0%），有助于提升 ORC 系统的综合性能。

本书的主要创新点有以下内容。

(1) 提出了"多压蒸发、分液冷凝"非共沸工质 ORC 的新思路,实现了多压蒸发、分液冷凝与非共沸工质的优势叠加、相互促进,可显著提高中低温热能的热功转换效率。

(2) 论证了纯工质双压蒸发循环的热力及热经济性能优势,揭示了其适用工况,并建立了基于工质物性和热源温度选择最佳循环形式的定量化判据。

(3) 提出了引入非共沸工质和超临界吸热过程的改进方式,可以进一步提高双压蒸发循环的热功转换效率,证明了两种改进方式的可行性。

(4) 揭示了冷凝器参数对分液冷凝方法强化换热效果和最佳分液位置的影响,建立了分液冷凝器的设计准则。

(5) 阐明了分液冷凝方法在 ORC 系统中的适用工况,证明了它在提升系统综合性能方面的优越性。

上述研究可为 200℃ 以下中低温热能的高效利用提供重要的理论指导和技术支撑,但在以下方面仍需进一步探索。

(1) 多压蒸发循环、分液冷凝方法与非共沸工质的三者结合优势。本书论证了双压蒸发循环与非共沸工质、双压蒸发循环与分液冷凝方法和分液冷凝方法与非共沸工质均可实现优势叠加,并对其结合优势进行了定量化评估,但由于时间和工作量的限制,还未评估多压蒸发循环、分液冷凝方法与非共沸工质的三者结合优势,未来的工作对此会重点探究。

(2) 更复杂的热源条件。本书的热源对象还是最常见的热源形式(无出口温度限制的单一热源),未来的研究中有必要拓展针对的热源条件,包括考虑有出口温度限制的热源、释热曲线为折线或多段阶梯状的热源,以及多个热源耦合的情况。

(3) 系统单位投资成本下降量与热功转换效率提高量间的换算。本书的研究目标是提高中低温热能的热功转换效率,而分液冷凝方法是通过减小冷凝器换热面积的方式以降低系统的单位投资成本,但反过来基于相同的系统单位投资成本(冷凝器换热面积),分液冷凝方法允许采用的夹点温差更小,这有助于提高 ORC 系统的热功转换效率,实现中低温热能的更高效利用。但目前本书尚未开展系统单位投资成本下降量与热功转换效率提高量间的换算分析,有待进一步研究以获得更直观的结果。

(4) 新型循环的热经济性能。受研究时间的限制,本书尚未对非共沸工质双压蒸发循环和双压吸热循环的热经济性能开展研究,其热经济性能目前尚不清楚,有待探索。

（5）系统的变工况运行特性。本研究是针对 ORC 系统的设计工况,然而在实际工程中,ORC 系统的运行工况可能发生波动,有必要对其变工况运行特性开展深入分析,以提供更全面的理论指导。尤其是对于双压蒸发 ORC、双压吸热 ORC 和采用分液冷凝方法的非共沸工质 ORC,循环形式相对较新,它在设计工况下的热力性能特性又与传统形式循环存在一定差别,其变工况运行特性无法简单移植传统形式循环的已有研究结果,有必要开展针对性研究,以揭示 ORC 系统的变工况运行特性,从而在实际工程中获得更好的综合性能。

（6）系统的多目标优化。ORC 系统性能的多目标权衡决策是一个重要的研究方向。未来的研究不仅要考虑热力性能和经济性能,还应考虑环保性能,包括二氧化碳减排、工质泄漏等,且研究不应局限于技术层面的多目标优化,还要充分考虑当地政策、法规的影响。

参 考 文 献

[1] 巢清尘,张永香,高翔,等.巴黎协定:全球气候治理的新起点[J].气候变化研究进展,2016,12(1):61-67.

[2] 国家统计局.国家统计局[EB/OL].[2020-01-20].http://data.stats.gov.cn/easyquery.htm?cn=C01&zb=A070E&sj=2018.

[3] 国家统计局.国家统计局[EB/OL].[2020-01-20].http://data.stats.gov.cn/easyquery.htm?cn=C01&zb=A070B&sj=2018.

[4] 朱俊生.中国新能源和可再生能源发展状况[J].可再生能源,2003,(2):3-8.

[5] 佚名.我国地热能源相当于860万亿吨煤[J].

[6] 王华,王辉涛.低温余热发电有机朗肯循环技术[M].北京:科学出版社,2010.

[7] 刘强.地热有机朗肯循环性能优化及异丁烷的热力学性质研究[D].北京:清华大学,2013.

[8] 翁一武.低品位热能转换过程及利用:有机工质发电与制冷[M].上海:上海交通大学出版社,2014.

[9] 宋建忠.基于有机朗肯循环的中低温太阳能热综合利用系统的研究[D].南京:东南大学,2016.

[10] 于立军,朱亚东,吴元旦.中低温余热发电技术[M].上海:上海交通大学出版社,2015.

[11] 习近平在气候变化巴黎大会开幕式上的讲话[N/OL].http://news.xinhuanet.com/world/2015-12/01/c_1117309642.htm.

[12] 李永华,刘长良,陶哲.火电厂锅炉系统及优化运行[M].北京:中国电力出版社,2011.

[13] KAUSHIK S C,REDDY V S,TYAGI S K. Energy and exergy analyses of thermal power plants:a review[J]. Renewable & Sustainable Energy Reviews,2011,15(4):1857-1872.

[14] FIASCHI D,LIFSHITZ A,MANFRIDA G,et al. An innovative ORC power plant layout for heat and power generation from medium- to low-temperature geothermal resources[J]. Energy Conversion and Management,2014,88:883-893.

[15] LECOMPTE S,HUISSEUNE H,VAN DEN BROEK M,et al. Review of organic Rankine cycle(ORC)architectures for waste heat recovery[J]. Renewable &

Sustainable Energy Reviews,2015,47: 448-461.

[16] 安青松,史琳. 中低温热能发电技术的热力学对比分析[J]. 华北电力大学学报, 2012,39(2): 79-83.

[17] LAI N A,FISCHER J. Efficiencies of power flash cycles[J]. Energy,2012, 44(1): 1017-1027.

[18] CHEN H J,GOSWAMI D Y,STEFANAKOS E K. A review of thermodynamic cycles and working fluids for the conversion of low-grade heat[J]. Renewable & Sustainable Energy Reviews,2010,14(9): 3059-3067.

[19] TCHANCHE B F,LAMBRINOS G,FRANGOUDAKIS A,et al. Low-grade heat conversion into power using organic Rankine cycles: A review of various applications [J]. Renewable & Sustainable Energy Reviews,2011,15(8): 3963-3979.

[20] VELEZ F,SEGOVIA J J,MARTIN M C,et al. A technical, economical and market review of organic Rankine cycles for the conversion of low-grade heat for power generation[J]. Renewable & Sustainable Energy Reviews,2012,16(6): 4175-4189.

[21] QUOILIN S,VAN DEN BROEK M,DECLAYE S,et al. Techno-economic survey of organic Rankine cycle (ORC) systems[J]. Renewable & Sustainable Energy Reviews,2013,22: 168-186.

[22] LI Y R,DU M T,WU C M,et al. Economical evaluation and optimization of subcritical organic Rankine cycle based on temperature matching analysis[J]. Energy,2014,68: 238-247.

[23] ZIVIANI D,BEYENE A,VENTURINI M. Advances and challenges in ORC systems modeling for low grade thermal energy recovery[J]. Applied Energy, 2014,121: 79-95.

[24] LI J,LIU Q,DUAN Y Y,et al. Performance analysis of organic Rankine cycles using R600/R601a mixtures with liquid-separated condensation[J]. Applied Energy,2017,190: 376-389.

[25] LI J,LIU Q,GE Z,et al. Thermodynamic performance analyses and optimization of subcritical and transcritical organic Rankine cycles using R1234ze(E) for 100~ 200℃ heat sources[J]. Energy Conversion and Management,2017,149: 140-154.

[26] FRANCO A,VILLANI M. Optimal design of binary cycle power plants for water-dominated,medium-temperature geothermal fields[J]. Geothermics,2009, 38(4): 379-391.

[27] ZHANG S J,WANG H X,GUO T. Performance comparison and parametric optimization of subcritical organic Rankine cycle (ORC) and transcritical power cycle system for low-temperature geothermal power generation[J]. Applied Energy,2011,88(8): 2740-2754.

[28] HEBERLE F,PREIßINGER M,BRÜGGEMANN D. Zeotropic mixtures as

working fluids in organic Rankine cycles for low-enthalpy geothermal resources [J]. Renewable Energy,2012,37(1)：364-370.

[29] BAIK Y J,KIM M,CHANG K C,et al. Power enhancement potential of a mixture transcritical cycle for a low-temperature geothermal power generation [J]. Energy,2012,47(1)：70-76.

[30] WALRAVEN D,LAENEN B,D'HAESELEER W. Comparison of thermodynamic cycles for power production from low-temperature geothermal heat sources[J]. Energy Conversion and Management,2013,66：220-233.

[31] BASARAN A,OZGENER L. Investigation of the effect of different refrigerants on performances of binary geothermal power plants[J]. Energy Conversion and Management,2013,76：483-498.

[32] RADULOVIC J,CASTANEDA N I B. On the potential of zeotropic mixtures in supercritical ORC powered by geothermal energy source[J]. Energy Conversion and Management,2014,88：365-371.

[33] LIU Q,SHEN A J,DUAN Y Y. Parametric optimization and performance analyses of geothermal organic Rankine cycles using R600a/R601a mixtures as working fluids[J]. Applied Energy,2015,148：410-420.

[34] WANG J Q,XU P,LI T L,et al. Performance enhancement of organic Rankine cycle with two-stage evaporation using energy and exergy analyses [J]. Geothermics,2017,65：126-134.

[35] VAN ERDEWEGHE S,VAN BAEL J,LAENEN B,et al. Design and off-design optimization procedure for low-temperature geothermal organic Rankine cycles [J]. Applied Energy,2019,242：716-731.

[36] TCHANCHE B F,PAPADAKIS G,LAMBRINOS G,et al. Fluid selection for a low-temperature solar organic Rankine cycle[J]. Applied Thermal Engineering, 2009,29(11/12)：2468-2476.

[37] 李晶,裴刚,季杰.太阳能有机朗肯循环低温热发电关键因素分析[J].化工学报, 2009,60(4)：826-832.

[38] WANG X D,ZHAO L. Analysis of zeotropic mixtures used in low-temperature solar Rankine cycles for power generation [J]. Solar Energy, 2009, 83 (5)： 605-613.

[39] LI J,PEI G,JI J. Optimization of low temperature solar thermal electric generation with organic Rankine cycle in different areas[J]. Applied Energy, 2010,87(11)：3355-3365.

[40] 裴刚,李晶,季杰.不同有机工质对太阳能低温热发电效率的影响[J].太阳能学报,2010,31(5)：581-587.

[41] 刘怀亮,何雅玲,程泽东,等.槽式太阳能有机朗肯循环热发电系统模拟[J].工程热物理学报,2010,31(10)：1631-1634.

［42］ 韩中合,叶依林,刘赟.不同工质对太阳能有机朗肯循环系统性能的影响[J].动力工程学报,2012,32(3)：229-234.

［43］ MAVROU P, PAPADOPOULOS A I, STIJEPOVIC M Z, et al. Novel and conventional working fluid mixtures for solar Rankine cycles：performance assessment and multi-criteria selection[J]. Applied Thermal Engineering,2015, 75：384-396.

［44］ 葛众.抛物面槽式太阳能直接汽化有机朗肯循环系统热力性能的研究[D].昆明：昆明理工大学,2016.

［45］ ERDOGAN A,COLPAN C O,CAKICI D M. Thermal design and analysis of a shell and tube heat exchanger integrating a geothermal based organic Rankine cycle and parabolic trough solar collectors[J]. Renewable Energy,2017,109：372-391.

［46］ LI P C,LI J,TAN R H,et al. Thermo-economic evaluation of an innovative direct steam generation solar power system using screw expanders in a tandem configuration[J]. Applied Thermal Engineering,2019,148：1007-1017.

［47］ WEI D H,LU X S,LU Z,et al. Performance analysis and optimization of organic Rankine cycle（ORC）for waste heat recovery[J]. Energy Conversion and Management,2007,48(4)：1113-1119.

［48］ 张新欣,何茂刚,曾科,等.发动机余热利用蒸气动力循环的工质筛选[J].工程热物理学报,2010,31(1)：15-18.

［49］ ROY J P, MISRA A. Parametric optimization and performance analysis of a regenerative organic Rankine cycle using R-123 for waste heat recovery[J]. Energy,2012,39(1)：227-235.

［50］ 王志奇.有机朗肯循环低温烟气余热发电系统实验研究及动态特性仿真[D].长沙：中南大学,2012.

［51］ WANG J F,WANG M, LI M Q,et al. Multi-objective optimization design of condenser in an organic Rankine cycle for low grade waste heat recovery using evolutionary algorithm[J]. International Communications in Heat and Mass Transfer,2013,45：47-54.

［52］ SPROUSE C,DEPCIK C. Review of organic Rankine cycles for internal combustion engine exhaust waste heat recovery[J]. Applied Thermal Engineering,2013, 51(1/2)：711-722.

［53］ 周颖艳,杜小泽,杨立军,等.吸收烟气余热的非共沸混合工质蒸发换热特性[J].中国电机工程学报,2013,33(8)：9-15.

［54］ YANG F B, ZHANG H G, SONG S S, et al. Thermoeconomic multi-objective optimization of an organic Rankine cycle for exhaust waste heat recovery of a diesel engine[J]. Energy,2015,93：2208-2228.

［55］ NAZARI N,HEIDARNEJAD P,PORKHIAL S. Multi-objective optimization of a combined steam-organic Rankine cycle based on exergy and exergo-economic analysis for waste heat recovery application[J]. Energy Conversion and Management, 2016,127: 366-379.

[56] NETO R D,SOTOMONTE C A R,CORONADO C J R,et al. Technical and economic analyses of waste heat energy recovery from internal combustion engines by the organic Rankine cycle[J]. Energy Conversion and Management, 2016,129: 168-179.

[57] SHU G Q,LIU P,TIAN H,et al. Operational profile based thermal-economic analysis on an organic Rankine cycle using for harvesting marine engine's exhaust waste heat[J]. Energy Conversion and Management,2017,146: 107-123.

[58] 杨富斌.基于热经济性分析及人工神经网络建模的车用有机朗肯循环性能优化[D].北京：北京工业大学,2018.

[59] 翟慧星.基于热源匹配的有机朗肯循环选择与混合工质主动设计[D].北京：清华大学,2016.

[60] IMRAN M,HAGLIND F,ASIM M,et al. Recent research trends in organic Rankine cycle technology: a bibliometric approach[J]. Renewable & Sustainable Energy Reviews,2018,81: 552-562.

[61] ORC World Map. ORC World Map[EB/OL]. [2020-01-20]. https://orc-world-map. org/.

[62] TCHANCHE B F, PETRISSANS M, PAPADAKIS G. Heat resources and organic Rankine cycle machines[J]. Renewable & Sustainable Energy Reviews, 2014,39: 1185-1199.

[63] ZHANG J,ZHANG H G,YANG K,et al. Performance analysis of regenerative organic Rankine cycle (RORC) using the pure working fluid and the zeotropic mixture over the whole operating range of a diesel engine[J]. Energy Conversion and Management,2014,84: 282-294.

[64] LI T L,ZHANG Z G,LU J,et al. Two-stage evaporation strategy to improve system performance for organic Rankine cycle[J]. Applied Energy,2015,150: 323-334.

[65] LI J,GE Z,DUAN Y Y,et al. Parametric optimization and thermodynamic performance comparison of single-pressure and dual-pressure evaporation organic Rankine cycles[J]. Applied Energy,2018,217: 409-421.

[66] ZHANG Y Q,WU Y T,XIA G D,et al. Development and experimental study on organic Rankine cycle system with single-screw expander for waste heat recovery from exhaust of diesel engine[J]. Energy,2014,77: 499-508.

[67] SONG P P,WEI M S,SHI L,et al. A review of scroll expanders for organic Rankine cycle systems[J]. Applied Thermal Engineering,2015,75: 54-64.

[68] SONG J,GU C W,LI X S. Performance estimation of Tesla turbine applied in

small scale organic Rankine cycle (ORC) system[J]. Applied Thermal Engineering, 2017,110: 318-326.

[69] MENG F X,ZHANG H G,YANG F B,et al. Study of efficiency of a multistage centrifugal pump used in engine waste heat recovery application [J]. Applied Thermal Engineering,2017,110: 779-786.

[70] ZHANG C,LIU C,WANG S K,et al. Thermo-economic comparison of subcritical organic Rankine cycle based on different heat exchanger configurations [J]. Energy,2017,123: 728-741.

[71] YANG Y X,ZHANG H G,XU Y H,et al. Matching and operating characteristics of working fluid pumps with organic Rankine cycle system[J]. Applied Thermal Engineering,2018,142: 622-631.

[72] LI J,YANG Z,HU S Z,et al. Effects of shell-and-tube heat exchanger arranged forms on the thermo-economic performance of organic Rankine cycle systems using hydrocarbons[J]. Energy Conversion and Management,2020,203: 112248.

[73] XIA J X,ZHOU K H,GUO Y M,et al. Preliminary design and CFD analysis of a radial inflow turbine and the turbine seal for an organic Rankine cycle using zeotropic mixture[J]. Energy Conversion and Management,2020,209: 112647.

[74] SHU G Q,LIU L N,TIAN H,et al. Parametric and working fluid analysis of a dual-loop organic Rankine cycle (DORC) used in engine waste heat recovery[J]. Applied Energy,2014,113: 1188-1198.

[75] CHEN Q C,XU J L,CHEN H X. A new design method for organic Rankine cycles with constraint of inlet and outlet heat carrier fluid temperatures coupling with the heat source[J]. Applied Energy,2012,98: 562-573.

[76] LECOMPTE S,AMEEL B,ZIVIANI D,et al. Exergy analysis of zeotropic mixtures as working fluids in organic Rankine cycles[J]. Energy Conversion and Management,2014,85: 727-739.

[77] PAPADOPOULOS A I,STIJEPOVIC M,LINKE P. On the systematic design and selection of optimal working fluids for organic Rankine cycles[J]. Applied Thermal Engineering,2010,30(6-7): 760-769.

[78] STIJEPOVIC M Z,LINKE P,PAPADOPOULOS A I,et al. On the role of working fluid properties in organic Rankine cycle performance [J]. Applied Thermal Engineering,2012,36: 406-413.

[79] BAO J J,ZHAO L. A review of working fluid and expander selections for organic Rankine cycle[J]. Renewable & Sustainable Energy Reviews,2013,24(10): 325-342.

[80] ANDREASEN J G,LARSEN U,KNUDSEN T,et al. Selection and optimization of pure and mixed working fluids for low grade heat utilization using organic Rankine cycles[J]. Energy,2014,73: 204-213.

［81］ LINKE P, PAPADOPOULOS A I, SEFERLIS P. Systematic methods for working fluid selection and the design,integration and control of organic Rankine cycles-a review[J]. Energies,2015,8(6): 4755-4801.

［82］ DAI X Y,SHI L,AN Q S,et al. Screening of hydrocarbons as supercritical ORCs working fluids by thermal stability[J]. Energy Conversion and Management, 2016,126: 632-637.

［83］ DAI X Y,SHI L,AN Q S,et al. Screening of working fluids and metal materials for high temperature organic Rankine cycles by compatibility[J]. Journal of Renewable and Sustainable Energy,2017,9(2): 024702.

［84］ 戴晓业.有机朗肯循环工质热稳定性研究[D].北京:清华大学,2017.

［85］ ABADI G B, KIM K C. Investigation of organic Rankine cycles with zeotropic mixtures as a working fluid: advantages and issues[J]. Renewable & Sustainable Energy Reviews,2017,73: 1000-1013.

［86］ 苏文.基于工质物性的有机朗肯循环分析及 T 形管分离特性研究[D].天津:天津大学,2019.

［87］ VAN KLEEF L M T, OYEWUNMI O A, MARKIDES C N. Multi-objective thermo-economic optimization of organic Rankine cycle (ORC) power systems in waste-heat recovery applications using computer-aided molecular design techniques[J]. Applied Energy,2019,251: 112513.

［88］ MODI A, HAGLIND F. A review of recent research on the use of zeotropic mixtures in power generation systems[J]. Energy Conversion and Management, 2017,138: 603-626.

［89］ 陈宏芳,杜建华.高等工程热力学[M].北京:清华大学出版社,2003.

［90］ ZHAI H X,AN Q S,SHI L. Zeotropic mixture active design method for organic Rankine cycle[J]. Applied Thermal Engineering,2018,129: 1171-1180.

［91］ COLLINGS P,YU Z B,WANG E H. A dynamic organic Rankine cycle using a zeotropic mixture as the working fluid with composition tuning to match changing ambient conditions[J]. Applied Energy,2016,171: 581-591.

［92］ CHEN H J,GOSWAMI D Y,RAHMAN M M. A supercritical Rankine cycle using zeotropic mixture working fluids for the conversion of low-grade heat into power[J]. Energy,2011,36(1): 549-555.

［93］ YANG K,ZHANG H G,WANG Z,et al. Study of zeotropic mixtures of ORC (organic Rankine cycle) under engine various operating conditions[J]. Energy, 2013,58: 494-510.

［94］ ZHAO L,BAO J J. Thermodynamic analysis of organic Rankine cycle using zeotropic mixtures[J]. Applied Energy,2014,130: 748-756.

［95］ LI Y R,DU M T,WU C M,et al. Potential of organic Rankine cycle using zeotropic mixtures as working fluids for waste heat recovery[J]. Energy,2014,

77: 509-519.

[96] SHU G Q, GAO Y Y, TIAN H, et al. Study of mixtures based on hydrocarbons used in ORC (organic Rankine cycle) for engine waste heat recovery[J]. Energy, 2014, 74: 428-438.

[97] WANG Y P, LIU X, DING X Y, et al. Experimental investigation on the performance of ORC power system using zeotropic mixture R601a/R600a[J]. International Journal of Energy Research, 2017, 41(5): 673-688.

[98] TIAN H, CHANG L W, GAO Y Y, et al. Thermo-economic analysis of zeotropic mixtures based on siloxanes for engine waste heat recovery using a dual-loop organic Rankine cycle (DORC)[J]. Energy Conversion and Management, 2017, 136: 11-26.

[99] GE Z, LI J, LIU Q, et al. Thermodynamic analysis of dual-loop organic Rankine cycle using zeotropic mixtures for internal combustion engine waste heat recovery [J]. Energy Conversion and Management, 2018, 166: 201-214.

[100] LIU Q, DUAN Y Y, YANG Z. Effect of condensation temperature glide on the performance of organic Rankine cycles with zeotropic mixture working fluids [J]. Applied Energy, 2014, 115: 394-404.

[101] MARAVER D, ROYO J, LEMORT V, et al. Systematic optimization of subcritical and transcritical organic Rankine cycles (ORCs) constrained by technical parameters in multiple applications[J]. Applied Energy, 2014, 117: 11-29.

[102] TOFFOLO A, LAZZARETTO A, MANENTE G, et al. A multi-criteria approach for the optimal selection of working fluid and design parameters in organic Rankine cycle systems[J]. Applied Energy, 2014, 121: 219-232.

[103] VETTER C, WIEMER H J, KUHN D. Comparison of sub- and supercritical organic Rankine cycles for power generation from low-temperature/low-enthalpy geothermal wells, considering specific net power output and efficiency [J]. Applied Thermal Engineering, 2013, 51(1-2): 871-879.

[104] GUO C, DU X Z, YANG L J, et al. Performance analysis of organic Rankine cycle based on location on heat transfer pinch point in evaporator[J]. Applied Thermal Engineering, 2014, 62(1): 176-186.

[105] PAN L S, WANG H X, SHI W X. Performance analysis in near-critical conditions of organic Rankine cycle[J]. Energy, 2012, 37(1): 281-286.

[106] LARSEN U, PIEROBON L, HAGLIND F, et al. Design and optimisation of organic Rankine cycles for waste heat recovery in marine applications using the principles of natural selection[J]. Energy, 2013, 55: 803-812.

[107] SCHUSTER A, KARELLAS S, AUMANN R. Efficiency optimization potential in supercritical organic Rankine cycles[J]. Energy, 2010, 35(2): 1033-1039.

[108] 高虹, 刘朝, 贺超, 等. 跨临界有机朗肯循环性能分析[J]. 重庆大学学报, 2012,

35(12)：57-61,67.

[109] TIAN R,AN Q S, ZHAI H X, et al. Performance analyses of transcritical organic Rankine cycles with large variations of the thermophysical properties in the pseudocritical region[J]. Applied Thermal Engineering,2016,101：183-190.

[110] SALEH B,KOGLBAUER G,WENDLAND M,et al. Working fluids for low-temperature organic Rankine cycles[J]. Energy,2007,32(7)：1210-1221.

[111] MAGO P J, CHAMRA L M, SRINIVASAN K, et al. An examination of regenerative organic Rankine cycles using dry fluids［J］. Applied Thermal Engineering,2008,28(8-9)：998-1007.

[112] LIU Q,DUAN Y Y, YANG Z. Performance analyses of geothermal organic Rankine cycles with selected hydrocarbon working fluids[J]. Energy,2013,63：123-132.

[113] DIGENOVA K J,BOTROS B B, BRISSON J G. Method for customizing an organic Rankine cycle to a complex heat source for efficient energy conversion, demonstrated on a Fischer Tropsch plant［J］. Applied Energy, 2013, 102：746-754.

[114] GE Z,WANG H, WANG H T, et al. Main parameters optimization of regenerative organic Rankine cycle driven by low-temperature flue gas waste heat[J]. Energy,2015,93：1886-1895.

[115] 曹园树,胡冰,梁立鹏,等.基于烟分析的再热/抽气回热/内回热有机朗肯循环的优化[J].可再生能源,2015,33(5)：741-746.

[116] LI G. Organic Rankine cycle performance evaluation and thermoeconomic assessment with various applications part I：energy and exergy performance evaluation[J]. Renewable & Sustainable Energy Reviews,2016,53：477-499.

[117] 罗琪,翁一武,顾伟.抽汽回热式有机工质发电系统的热力特性分析[J].现代电力,2009,26(6)：39-44.

[118] 韩中合,叶依林,王璟.分级抽汽回热式太阳能低温有机朗肯循环系统的热力性能分析[J].汽轮机技术,2012,54(2)：81-85.

[119] 刘强,申爱景,段远源.抽气回热式有机朗肯循环经济性的定量分析[J].化工学报,2014,65(2)：437-444.

[120] 王智,于一达,韩中合,等.低温再热式有机朗肯循环的参数优化[J].热力发电,2013,42(5)：22-29.

[121] 王茜.带喷射器超临界有机朗肯循环系统研究[D].重庆：重庆大学,2013.

[122] CHEN J Y,HUANG Y S, NIU Z T, et al. Performance analysis of a novel organic Rankine cycle with a vapor-liquid ejector［J］. Energy Conversion and Management,2018,157：382-395.

[123] ZHAI H X, AN Q S,SHI L,et al. Categorization and analysis of heat sources for organic Rankine cycle systems[J]. Renewable & Sustainable Energy Reviews,

2016,64：790-805.

[124] STIJEPOVIC M Z, PAPADOPOULOS A I, LINKE P, et al. An exergy composite curves approach for the design of optimum multi-pressure organic Rankine cycle processes[J]. Energy,2014,69：285-298.

[125] 杨伟良,徐栋梅,吕震宇,等. 燃气-蒸汽联合循环余热锅炉概述[J]. 锅炉制造, 2001,(2)：12-15.

[126] 岳伟挺. 联合循环余热锅炉蒸汽参数优化与动态特性研究[D]. 大连：大连理工大学,2001.

[127] 毛晓飞. 多压余热锅炉仿真模型算法及动态特性研究[D]. 北京：清华大学,2004.

[128] 赵斌. 烧结余热能高效发电研究[D]. 北京：华北电力大学,2012.

[129] 严伯刚,吴韬,金磊,等. 水泥窑双压系统纯低温余热发电的应用[J]. 能源研究与管理,2014(4)：64-67.

[130] GNUTEK Z, BRYSZEWSKA-MAZUREK A. The thermodynamic analysis of multicycle ORC engine[J]. Energy,2001,26(12)：1075-1082.

[131] KANOGLU M. Exergy analysis of a dual-level binary geothermal power plant [J]. Geothermics,2002,31(6)：709-724.

[132] PERIS B, NAVARRO-ESBRI J, MOLES F. Bottoming organic Rankine cycle configurations to increase internal combustion engines power output from cooling water waste heat recovery[J]. Applied Thermal Engineering, 2013, 61(2)：364-371.

[133] GUZOVIC Z,RASKOVIC P,BLATARIC Z. The comparision of a basic and a dual-pressure ORC（organic Rankine cycle）: geothermal power plant velika ciglena case study[J]. Energy,2014,76：175-186.

[134] LI T L,ZHU J L,HU K Y,et al. Implementation of PDORC（parallel double-evaporator organic Rankine cycle）to enhance power output in oilfield[J]. Energy,2014,68：680-687.

[135] SHOKATI N, RANJBAR F, YARI M. Exergoeconomic analysis and optimization of basic,dual-pressure and dual-fluid ORCs and Kalina geothermal power plants: a comparative study[J]. Renewable Energy,2015,83：527-542.

[136] LI T L,WANG Q L,ZHU J L,et al. Thermodynamic optimization of organic Rankine cycle using two-stage evaporation[J]. Renewable Energy, 2015, 75：654-664.

[137] KAZEMI N, SAMADI F. Thermodynamic, economic and thermo-economic optimization of a new proposed organic Rankine cycle for energy production from geothermal resources[J]. Energy Conversion and Management,2016,121：391-401.

[138] SADEGHI M,NEMATI A,GHAVIMI A,et al. Thermodynamic analysis and

multi-objective optimization of various ORC (organic Rankine cycle) configurations using zeotropic mixtures[J]. Energy,2016,109: 791-802.

[139] DAI Y P,HU D S,WU Y, et al. Comparison of a basic organic Rankine cycle and a parallel double-evaporator organic Rankine cycle [J]. Heat Transfer Engineering,2017,38(11/12): 990-999.

[140] LI T L,YUAN Z H, LI W, et al. Strengthening mechanisms of two-stage evaporation strategy on system performance for organic Rankine cycle [J]. Energy,2016,101: 532-540.

[141] MANENTE G,LAZZARETTO A,BONAMICO E. Design guidelines for the choice between single and dual pressure layouts in organic Rankine cycle (ORC) systems[J]. Energy,2017,123: 413-431.

[142] SUN Y R,LU J,WANG J Q, et al. Performance improvement of two-stage serial organic Rankine cycle (TSORC) integrated with absorption refrigeration (AR) for geothermal power generation[J]. Geothermics,2017,69: 110-118.

[143] LE V L,KHEIRI A, FEIDT M, et al. Thermodynamic and economic optimizations of a waste heat to power plant driven by a subcritical ORC (organic Rankine cycle) using pure or zeotropic working fluid[J]. Energy,2014, 78: 622-638.

[144] BARAL S,KIM D, YUN E, et al. Energy, exergy and performance analysis of small-scale organic Rankine cycle systems for electrical power generation applicable in rural areas of developing countries [J]. Energies, 2015, 8 (2): 684-713.

[145] LI J,GE Z,DUAN Y Y, et al. Design and performance analyses for a novel organic Rankine cycle with supercritical-subcritical heat absorption process coupling[J]. Applied Energy,2019,235: 1400-1414.

[146] 王随林,王瑞祥. 非共沸工质对翅片式冷凝器和蒸发器传热性能的影响[C]. 全国暖通空调制冷 1996 年学术年会资料集,1996.

[147] 武永强,罗忠. R410A 和 R22 在水平强化管内的蒸发和冷凝性能[J]. 工程热物理学报,2006,27(2): 292-294.

[148] 史美中,王中铮. 热交换器原理与设计[M]. 5 版. 南京: 东南大学出版社,2014.

[149] SHAO D W, GRANRYD E. Experimental and theoretical study on flow condensation with non-azeotropic refrigerant mixtures of R32/R134a [J]. International Journal of Refrigeration-Revue Internationale Du Froid, 1998, 21(3): 230-246.

[150] 陈民,王秋旺,陶文铨. R32/R134a 混合工质水平管内流动凝结换热的实验研究[J]. 化工学报,1999,50(6): 834-837.

[151] FRONK B M, GARIMELLA S. In-tube condensation of zeotropic fluid mixtures: a review[J]. International Journal of Refrigeration-Revue Internationale Du Froid,

2013,36(2): 534-561.

[152] HEBERLE F, BRUGGEMANN D. Thermo-economic evaluation of organic Rankine cycles for geothermal power generation using zeotropic mixtures[J]. Energies,2015,8(3): 2097-2124.

[153] ZARE V. A comparative exergoeconomic analysis of different ORC configurations for binary geothermal power plants[J]. Energy Conversion and Management,2015, 105: 127-138.

[154] CAPATA R,ZANGRILLO E. Preliminary design of compact condenser in an organic Rankine cycle system for the low grade waste heat recovery[J]. Energies,2014,7(12): 8008-8035.

[155] LUO X L,YI Z T,CHEN Z W,et al. Performance comparison of the liquid-vapor separation,parallel flow,and serpentine condensers in the organic Rankine cycle[J]. Applied Thermal Engineering,2016,94: 435-448.

[156] LIEBENBERG L,MEYER J P. In-tube passive heat transfer enhancement in the process industry[J]. Applied Thermal Engineering,2007,27(16): 2713-2726.

[157] LIU S,SAKR M. A comprehensive review on passive heat transfer enhancements in pipe exchangers [J]. Renewable & Sustainable Energy Reviews,2013,19: 64-81.

[158] YI Z T,LUO X L,CHEN J Y,et al. Mathematical modelling and optimization of a liquid separation condenser-based organic Rankine cycle used in waste heat utilization[J]. Energy,2017,139: 916-934.

[159] LUO X L,YI Z T,ZHANG B J,et al. Mathematical modelling and optimization of the liquid separation condenser used in organic Rankine cycle[J]. Applied Energy,2017,185: 1309-1323.

[160] 彭晓峰,吴迪,陆规,等.分液式空气冷凝器 200610113304.4[P].2007-06-06.

[161] 彭晓峰,吴迪,王珍,等.一种分段式汽液相变换热器的汽液分离方法及换热器 200810247378.6[P].2009-07-15.

[162] CHEN X Q,CHEN Y,DENG L S,et al. Experimental verification of a condenser with liquid-vapor separation in an air conditioning system[J]. Applied Thermal Engineering,2013,51(1-2): 48-54.

[163] ZHONG T M,CHEN Y,HUA N,et al. In-tube performance evaluation of an air-cooled condenser with liquid-vapor separator[J]. Applied Energy,2014,136: 968-978.

[164] LI J,LIU Q,GE Z,et al. Optimized liquid-separated thermodynamic states for working fluids of organic Rankine cycles with liquid-separated condensation[J]. Energy,2017,141: 652-660.

[165] 彭晓峰,吴迪,张扬.高性能冷凝器技术原理与实践[J].化工进展,2007,26(1): 97-104.

[166] WU D,WANG Z,LU G, et al. High-performance air cooling condenser with liquid-vapor separation[J]. Heat Transfer Engineering,2010,31(12)：973-980.

[167] LUO X L,LIANG Z H, GUO G Q, et al. Thermo-economic analysis and optimization of a zoetropic fluid organic Rankine cycle with liquid-vapor separation during condensation[J]. Energy Conversion and Management,2017, 148：517-532.

[168] ZHONG T M,CHEN Y, ZHENG W X, et al. Experimental investigation on microchannel condensers with and without liquid-vapor separation headers[J]. Applied Thermal Engineering,2014,73(2)：1510-1518.

[169] ZHONG T M,CHEN Y, YANG Q C, et al. Experimental investigation on the thermodynamic performance of double-row liquid-vapor separation microchannel condenser[J]. International Journal of Refrigeration-Revue Internationale Du Froid,2016,67：373-382.

[170] CHEN Y,HUA N, DENG L S. Performances of a split-type air conditioner employing a condenser with liquid-vapor separation baffles[J]. International Journal of Refrigeration-Revue Internationale Du Froid,2012,35(2)：278-289.

[171] 邓立生,陈颖,莫松平,等. 分液冷凝器在 HFC410A 空调系统的替换实验研究 [J]. 制冷学报,2012,33(5)：26-31.

[172] 陈二雄,陈颖,陈雪清. 分液冷凝器的管程理论设计及热力性能评价[J]. 制冷学报,2012,33(6)：19-25.

[173] HUA N,CHEN Y, CHEN E X, et al. Prediction and verification of the thermodynamic performance of vapor-liquid separation condenser[J]. Energy, 2013,58：384-397.

[174] 郑文贤,陈颖,钟天明,等. 分液隔板结构对分液冷凝系统性能的影响[J]. 制冷学报,2013,34(6)：22-28.

[175] MO S P,CHEN X Q, CHEN Y, et al. Passive control of gas-liquid flow in a separator unit using an apertured baffle in a parallel-flow condenser[J]. Experimental Thermal and Fluid Science,2014,53：127-135.

[176] CHEN Y,DENG L S,MO S P,et al. Energy and exergy analysis on a parallel-flow condenser with liquid-vapor separators in an R22 residential air-conditioning system[J]. Heat Transfer Engineering,2015,36(1)：102-112.

[177] MO S P,CHEN X Q,CHEN Y,et al. Effect of geometric parameters of liquid-gas separator units on phase separation performance[J]. The Korean Journal of Chemical Engineering,2015,32(7)：1243-1248.

[178] 李连涛,诸凯,刘圣春,等. 带有中间分液结构的管壳式冷凝器实验研究[J]. 化工进展,2016,35(5)：1332-1337.

[179] 陈颖,杨庆成,钟天明,等. 分液冷凝强化传热的实验验证[J]. 热科学与技术, 2017,16(5)：369-374.

[180] LI Y R, WANG J N, DU M T. Influence of coupled pinch point temperature difference and evaporation temperature on performance of organic Rankine cycle [J]. Energy, 2012, 42(1): 503-509.

[181] WALRAVEN D, LAENEN B, D'HAESELEER W. Optimum configuration of shell-and-tube heat exchangers for the use in low-temperature organic Rankine cycles[J]. Energy Conversion and Management, 2014, 83: 177-187.

[182] YANG M H, YEH R H. Thermodynamic and economic performances optimization of an organic Rankine cycle system utilizing exhaust gas of a large marine diesel engine[J]. Applied Energy, 2015, 149: 1-12.

[183] LI G. Organic Rankine cycle performance evaluation and thermoeconomic assessment with various applications part II: economic assessment aspect[J]. Renewable & Sustainable Energy Reviews, 2016, 64: 490-505.

[184] WANG M T, CHEN Y G, LIU Q Y, et al. Thermodynamic and thermo-economic analysis of dual-pressure and single pressure evaporation organic Rankine cycles[J]. Energy Conversion and Management, 2018, 177: 718-736.

[185] CALM J M, HOURAHAN G C. Refrigerant data update[J]. Heating/Piping/Air Conditioning Engineering, 2007, 79(1): 50-64.

[186] LEMMON E W, HUBER M L, MCLINDEN M O. NIST reference fluid thermodynamic and transport properties-REFPROP, version 9.1 [DB/DK]. Gaithersburg: National Institute of Standards and Technology, Standard Reference Data Program, 2013.

[187] DAI Y P, WANG J F, GAO L. Parametric optimization and comparative study of organic Rankine cycle (ORC) for low grade waste heat recovery[J]. Energy Conversion and Management, 2009, 50(3): 576-582.

[188] LAKEW A A, BOLLAND O. Working fluids for low-temperature heat source [J]. Applied Thermal Engineering, 2010, 30(10): 1262-1268.

[189] HEBERLE F, BRUGGEMANN D. Exergy based fluid selection for a geothermal organic Rankine cycle for combined heat and power generation[J]. Applied Thermal Engineering, 2010, 30(11-12): 1326-1332.

[190] QUOILIN S, DECLAYE S, TCHANCHE B F, et al. Thermo-economic optimization of waste heat recovery organic Rankine cycles[J]. Applied Thermal Engineering, 2011, 31(14-15): 2885-2893.

[191] WANG E H, ZHANG H G, FAN B Y, et al. Study of working fluid selection of organic Rankine cycle (ORC) for engine waste heat recovery[J]. Energy, 2011, 36(5): 3406-3418.

[192] HE C, LIU C, GAO H, et al. The optimal evaporation temperature and working fluids for subcritical organic Rankine cycle[J]. Energy, 2012, 38(1): 136-143.

[193] WANG J F, YAN Z Q, WANG M, et al. Thermodynamic analysis and

optimization of an (organic Rankine cycle) ORC using low grade heat source [J]. Energy,2013,49: 356-365.

[194] WANG M,WANG J F,ZHAO Y Z,et al. Thermodynamic analysis and optimization of a solar-driven regenerative organic Rankine cycle (ORC) based on flat-plate solar collectors[J]. Applied Thermal Engineering, 2013, 50 (1): 816-825.

[195] LE V L,FEIDT M, KHEIRI A, et al. Performance optimization of low-temperature power generation by supercritical ORCs (organic Rankine cycles) using low GWP (global warming potential) working fluids[J]. Energy,2014, 67: 513-526.

[196] YANG M H,YEH R H. Thermo-economic optimization of an organic Rankine cycle system for large marine diesel engine waste heat recovery[J]. Energy, 2015,82: 256-268.

[197] HE S N,CHANG H W, ZHANG X Q, et al. Working fluid selection for an organic Rankine cycle utilizing high and low temperature energy of an LNG engine[J]. Applied Thermal Engineering,2015,90: 579-589.

[198] HAERVIG J,SORENSEN K,CONDRA T J. Guidelines for optimal selection of working fluid for an organic Rankine cycle in relation to waste heat recovery[J]. Energy,2016,96: 592-602.

[199] MIKIELEWICZ D,WAJS J, ZIOLKOWSKI P,et al. Utilisation of waste heat from the power plant by use of the ORC aided with bleed steam and extra source of heat[J]. Energy,2016,97: 11-19.

[200] SPAYDE E, MAGO P J, CHO H. Performance evaluation of a solar-powered regenerative organic Rankine cycle in different climate conditions[J]. Energies, 2017,10(1): 94.

[201] SU W,HWANG Y,DENG S,et al. Thermodynamic performance comparison of organic Rankine cycle between zeotropic mixtures and pure fluids under open heat source[J]. Energy Conversion and Management,2018,165: 720-737.

[202] YU H S,FENG X, WANG Y F. A new pinch based method for simultaneous selection of working fluid and operating conditions in an ORC (organic Rankine cycle) recovering waste heat[J]. Energy,2015,90: 36-46.

[203] LAI N A,WENDLAND M, FISCHER J. Working fluids for high-temperature organic Rankine cycles[J]. Energy,2011,36(1): 199-211.

[204] ZHAI H X,SHI L, AN Q S. Influence of working fluid properties on system performance and screen evaluation indicators for geothermal ORC (organic Rankine cycle) system[J]. Energy,2014,74: 2-11.

[205] LECOMPTE S,LEMMENS S, HUISSEUNE H,et al. Multi-objective thermo-economic optimization strategy for ORCs applied to subcritical and transcritical

cycles for waste heat recovery[J]. Energies,2015,8(4): 2714-2741.

[206] KEHLHOFER R,RUKES B,HANNEMANN F,et al. Combined-cycle gas and steam turbine power plants[M]. 3rd ed. Tulsa: Pennwell,2009.

[207] BORSUKIEWICZ-GOZDUR A. Exergy analysis for maximizing power of organic Rankine cycle power plant driven by open type energy source[J]. Energy,2013,62: 73-81.

[208] LONG R,BAO Y J, HUANG X M,et al. Exergy analysis and working fluid selection of organic Rankine cycle for low grade waste heat recovery[J]. Energy, 2014,73: 475-483.

[209] LI J,GE Z,DUAN Y Y,et al. Performance analyses and improvement guidelines for organic Rankine cycles using R600a/R601a mixtures driven by heat sources of 100℃ to 200℃ [J]. International Journal of Energy Research,2019,43(2): 905-920.

[210] YUE C,HAN D, PU W H, et al. Thermal matching performance of a geothermal ORC system using zeotropic working fluids[J]. Renewable Energy, 2015,80: 746-754.

[211] HEBERLE F, BRUGGEMANN D. Thermo-economic analysis of zeotropic mixtures and pure working fluids in organic Rankine cycles for waste heat recovery[J]. Energies,2016,9(4): 226.

[212] LU J L,ZHANG J,CHEN S L,et al. Analysis of organic Rankine cycles using zeotropic mixtures as working fluids under different restrictive conditions[J]. Energy Conversion and Management,2016,126: 704-716.

[213] BAO J J,ZHAO L. Experimental research on the influence of system parameters on the composition shift for zeotropic mixture (isobutane/pentane) in a system occurring phase change[J]. Energy Conversion and Management, 2016,113: 1-15.

[214] JIN X,ZHANG X S. A new evaluation method for zeotropic refrigerant mixtures based on the variance of the temperature difference between the refrigerant and heat transfer fluid[J]. Energy Conversion and Management, 2011, 52 (1): 243-249.

[215] SHU G Q,LIU L N,TIAN H,et al. Performance comparison and working fluid analysis of subcritical and transcritical dual-loop organic Rankine cycle (DORC) used in engine waste heat recovery[J]. Energy Conversion and Management, 2013,74: 35-43.

[216] XU H,GAO N P,ZHU T. Investigation on the fluid selection and evaporation parametric optimization for sub- and supercritical organic Rankine cycle[J]. Energy,2016,96: 59-68.

[217] CHURCHILL S W, BERNSTEIN M. A correlating equation for forced

convection from gases and liquids to circular cylinder in cross flow[J]. Journal of Heat Transfer-Transactions of the ASME,1977,99(2): 300-306.

[218] GNIELINSKI V. New equations for heat and mass transfer in turbulent pipe and channel flow[J]. International Chemical Engineering,1976,16(2): 359-368.

[219] SHAH M M. General correlation for heat transfer during film condensation inside pipes[J]. International Journal of Heat and Mass Transfer,1979,22(4): 547-556.

[220] LIU Z,WINTERTON R H S. A general correlation for saturated and subcooled flow boiling in tubes and annuli,based on a nucleate pool boiling equation[J]. International Journal of Heat and Mass Transfer,1991,34(11): 2759-2766.

[221] YANG F B,CHO H J, ZHANG H G, et al. Thermoeconomic multi-objective optimization of a dual loop organic Rankine cycle (ORC) for CNG engine waste heat recovery[J]. Applied Energy,2017,205: 1100-1118.

[222] TURTON R,BAILIE R C,WHITING W B,et al. Analysis,synthesis and design of chemical processes[M]. 4th ed. Old Tappan,NJ: Prentice Hall: 2012.

[223] JENKINS S. Chemical engineering plant cost index: 2018 annual value[R]. New York:Chemical Engineering,2019.

[224] LI J,GE Z, LIU Q, et al. Thermo-economic performance analyses and comparison of two turbine layouts for organic Rankine cycles with dual-pressure evaporation[J]. Energy Conversion and Management,2018,164: 603-614.

[225] SILVER R S. An approach to a general theory of surface condensers [J]. Proceedings of the Institution of Mechanical Engineers,1963,178(1): 339-357.

[226] BELL J,GHALY A. An approximate generalized design method for multicomponent/partial condensers [J]. AIChE Symposium Series, 1973, 69: 72-79.

[227] STEPHAN K, ABDELSALAM M. Heat transfer correlations for natural convection boiling[J]. International Journal of Heat and Mass Transfer,1980, 23(1): 73-87.

[228] THOME J R, SHAKIR S. A new correlation for nucleate pool boiling of aqueous mixtures[J]. AIChE Symposium Series,1987,83(257): 46-51.

[229] WEN M Y,HO C Y. Evaporation heat transfer and pressure drop characteristics of R-290 (propane),R-600 (butane),and a mixture of R-290/R-600 in the three-lines serpentine small-tube bank[J]. Applied Thermal Engineering,2005,25(17/18): 2921-2936.

在学期间发表的学术论文与研究成果

发表的学术论文

[1] Li J,Liu Q,Duan Y Y,et al. Performance analysis of organic Rankine cycles using R600/R601a mixtures with liquid-separated condensation[J]. Applied Energy, 2017,190: 376-389. (SCI: 000395959100032,IF2017: 7.900; EI: 20170203227574)

[2] Li J,Liu Q,Ge Z,et al. Thermodynamic performance analyses and optimization of subcritical and transcritical organic Rankine cycles using R1234ze(E) for 100-200℃ heat sources[J]. Energy Conversion and Management,2017,149: 140-154. (SCI: 000411537200012,IF2017: 6.377; EI: 20172903957504)

[3] Li J,Liu Q, Ge Z, et al. Optimized liquid-separated thermodynamic states for working fluids of organic Rankine cycles with liquid-separated condensation[J]. Energy, 2017, 141: 652-660. (SCI: 000426335600055, IF2017: 4.968; EI: 20174004234722)

[4] Li J,Ge Z,Duan Y Y,et al. Parametric optimization and thermodynamic performance comparison of single-pressure and dual-pressure evaporation organic Rankine cycles[J]. Applied Energy,2018,217: 409-421. (SCI: 000430030400036,IF2018: 8.426; EI: 20181004854772)

[5] Li J,Ge Z,Liu Q,et al. Thermo-economic performance analyses and comparison of two turbine layouts for organic Rankine cycles with dual-pressure evaporation[J]. Energy Conversion and Management, 2018, 164: 603-614. (SCI: 000430882100051, IF2018: 7.181; EI: 20181204931273)

[6] Li J,Ge Z,Duan Y Y,et al. Design and performance analyses for a novel organic Rankine cycle with supercritical-subcritical heat absorption process coupling[J]. Applied Energy,2019,235: 1400-1414. (SCI: 000458942800112,IF2019: 8.848; EI: 20184806148104)

[7] Li J,Ge Z,Duan Y Y,et al. Performance analyses and improvement guidelines for organic Rankine cycles using R600a/R601a mixtures driven by heat sources of 100℃ to 200℃[J]. International Journal of Energy Research,2019,43(2): 905-920.(SCI: 000459744200020,IF2019: 3.741; EI: 20185206293829)

[8] Li J,Ge Z, Duan Y Y, et al. Effects of heat source temperature and mixture

composition on the combined superiority of dual-pressure evaporation organic Rankine cycle and zeotropic mixtures[J]. Energy, 2019, 174: 436-449. (SCI: 000469309200037, IF2019: 6.082; EI: 20191106626353)

[9]　Li J, Duan Y Y, Yang Z, et al. Exergy analysis of novel dual-pressure evaporation organic Rankine cycle using zeotropic mixtures [J]. Energy Conversion and Management, 2019, 195: 760-769. (SCI: 000482244300062, IF2019: 8.208; EI: 20192206976796)

[10]　Li J, Hu S Z, Yang F B, et al. Thermo-economic performance evaluation of emerging liquid-separated condensation method in single-pressure and dual-pressure evaporation organic Rankine cycle systems[J]. Applied Energy, 2019, 256: 113974. (SCI: 000497981300062, IF2019: 8.848; EI: 20194307566235)

[11]　Li J, Yang Z, Hu S Z, et al. Effects of shell-and-tube heat exchanger arranged forms on the thermo-economic performance of organic Rankine cycle systems using hydrocarbons[J]. Energy Conversion and Management, 2020, 203: 112248. (SCI: 000504504000014, IF2019: 8.208; EI: 20194807753553)

[12]　Li J, Yang Z, Hu S Z, et al. Thermo-economic analyses and evaluations of small-scale dual-pressure evaporation organic Rankine cycle system using pure fluids [J]. Energy, 2020, 206: 118217. (SCI: 000552898300091, IF2019: 6.082; EI: 20202708884324)

[13]　Li J, Yang Z, Hu S Z, et al. Thermo-economic performance improvement of butane/isopentane mixtures in organic Rankine cycles by liquid-separated condensation method[J]. Applied Thermal Engineering, 2020, 181: 115941. (SCI: 000592635100051, IF2019: 4.725; EI: 20203609131671)

[14]　Ge Z, Li J, Liu Q, et al. Thermodynamic analysis of dual-loop organic Rankine cycle using zeotropic mixtures for internal combustion engine waste heat recovery[J]. Energy Conversion and Management, 2018, 166: 201-214. (SCI: 000434004200018, IF2018: 7.181; EI: 20181505003584)

[15]　Ge Z, Li J, Duan Y Y, et al. Thermodynamic performance analyses and optimization of dual-Loop organic Rankine cycles for internal combustion engine waste heat recovery[J]. Applied Sciences, 2019, 9(4): 680. (SCI: 000460696500066, IF2019: 2.474)

[16]　Yang J Z, Li J, Yang Z, et al. Thermodynamic analysis and optimization of a solar organic Rankine cycle operating with stable output[J]. Energy Conversion and Management, 2019, 187: 459-471. (SCI: 000469904200034, IF2019: 8.208; EI: 20191306677264)

[17]　Hu S Z, Li J, Yang F B, et al. Thermodynamic analysis of serial dual-pressure organic Rankine cycle under off-design conditions[J]. Energy Conversion and Management, 2020, 213: 112837. (SCI: 000534066300052, IF2019: 8.208; EI:

20201608460601)

[18] Hu S Z,**Li J**,Yang F B,et al. Multi-objective optimization of organic Rankine cycle using hydrofluorolefins（HFOs）based on different target preferences[J]. Energy, 2020,203：117848.（SCI：000542247000060,IF2019：6.082；EI：20202108701066）

[19] **李健**,段远源,杨震,等. 双压蒸发有机朗肯循环系统㶲分析[J]. 工程热物理学报,2019,40(7)：1458-1464.（EI：20193407337417）

[20] **Li J**,Ge Z,Liu Q,et al. Thermodynamic performance comparison of single-pressure and dual-pressure evaporation organic Rankine cycles using R1234ze(E) [C]. Singapore：2nd International Conference on Green Energy and Applications (ICGEA 2018),2018.（CPCI：000434199800048；EI：20182405316077）

[21] **Li J**,Yang J Z,Ge Z,et al. Thermodynamic performance comparison between single-pressure and dual-pressure evaporation organic Rankine cycles for heat sources with outlet temperature limit[C]. Seoul,South Korea：3rd International Conference on Energy and Environmental Science （ICEES 2019）,2019.（CPCI：000491965800037；EI：20192907195768）

[22] 胡硕倬,**李健**,葛众,等. 基于 HFOs 工质的有机朗肯循环系统热经济性能分析 [J]. 工程热物理学报,2020,41(4)：816-821.（EI：20202308799572）

[23] Ge Z,**Li J**,Liu Q,et al. Optimized mass velocity for evaporator of organic Rankine cycle using R1234ze(E) for 373.15-423.15 K geothermal water[C]. Singapore：2nd International Conference on Green Energy and Applications （ICGEA 2018),2018.（CPCI：000434199800007；EI：20182405316071）

[24] **Li J**,Hu S Z,Duan Y Y,et al. Optimization and selection of hydrocarbons （HCs) for organic Rankine cycles based on multiple evaluation indexes[C]. Västerås, Sweden：International Conference on Applied Energy 2019 （ICAE 2019),2019. （Paper ID：819）

[25] **李健**,葛众,刘强,等. 地热与 LNG 冷能联合利用的 R1234yf 有机朗肯循环系统 [C]. 西安：2017 中国制冷学会学术年会论文集,2017.（论文编号：CAR098）

[26] **李健**,葛众,段远源,等. R1234ze(E)向心透平气动设计与性能分析[C]. 大连：中国工程热物理学会工程热力学与能源利用学术会议,2018.（论文编号：181060）

[27] 解志勇,段远源,**李健**,等. 烟气余热驱动复叠式非共沸工质有机朗肯循环系统热力学分析[J]. 可再生能源,2019,37(5)：776-783.（中文核心期刊）

[28] 胡硕倬,**李健**,葛众,等. 跨临界-亚临界复叠式有机朗肯循环性能分析[J]. 热科学与技术,2021,20(1)：65-71.（中文核心期刊）

致　　谢

　　衷心感谢导师段远源教授一直以来对我的关心和指导。段远源教授宽广的学术视野和对学术思路的准确把握为我开展科研工作提供了巨大帮助,段老师严谨、执着、勤奋的科研作风令我受益匪浅。感谢段远源教授的耐心和宽容,与我一起逐字逐句地推敲论文,指导我进行规范、准确的学术表达,及时地指出我在科研中的问题和错误,允许我独立探索自己感兴趣的研究方向,并为我提供良好的科研条件。在段远源教授的悉心指导下,本书得以顺利完成。

　　非常感谢杨震副教授的指导和鼓励,杨震副教授辩证思考和简洁表达的科研习惯令我受益匪浅。非常感谢瑞典皇家理工学院和梅拉达伦大学严晋跃教授提供的为期3个月的访学机会,以及访学期间梅拉达伦大学李海龙副教授对我的指导和帮助。

　　我的科研工作还得到了中国石油大学(北京)刘强副教授和课题组葛众师兄、杨富斌师兄、胡硕倬师弟、杨竞择师妹、李冉师妹及徐柳师妹的热情帮助,在此表达诚挚谢意,同时也要感谢能源与动力工程系各位老师和同学的指导与帮助。

　　最后要特别感谢我的父母一直以来对我的支持和关心。

　　本课题承蒙国家自然科学基金(批准号:51736005)资助,特此感谢。